KB177053

명왕성은 여전히
내 마음속에 행성으로 남아 있다.

클레이턴 커쇼
(Clayton Kershaw, 1988~현재)

 청소년을 위한 과학 읽기

134340 플루토,
끝나지 않은 명왕성 이야기

초판 4쇄 발행일 2024년 10월 14일
초판 1쇄 발행일 2018년 9월 3일

지은이 김상협 김홍균 정상민
펴낸이 이원중

펴낸곳 지성사 **출판등록일** 1993년 12월 9일 **등록번호** 제10-916호
주소 (03458) 서울시 은평구 진흥로 68, 2층
전화 (02) 335-5494 **팩스** (02) 335-5496
홈페이지 www.jisungsa.co.kr **이메일** jisungsa@hanmail.net

© 김상협 김홍균 정상민, 2018

ISBN 978-89-7889-400-5 (43440)

잘못된 책은 바꾸어 드립니다. 책값은 뒤표지에 있습니다.

134340 플루토,

끝나지 않은 명왕성 이야기

김상협 김홍균 정상민 지음

 지성사

'명왕성 바라기'들,
명왕성의 못 다한 이야기를 전하다

일반 사람들에게 명왕성은, 태양계 제일 뒤편에서 별 관심을 못 받고 있다가 최근에 지위를 잃어버린 비운의 행성쯤으로 기억될지 모른다. 이러한 명왕성의 운명에 아쉬움을 느낀 사람이 있다면 아마도 명왕성을 처음 발견한 사람이나 명왕성이라는 이름을 지은 사람쯤 되지 않을까?

그런데 여기 한 무리의 '명왕성 바라기'들이 있다. 이들은 명왕성이 몹시 안쓰러웠는지 철저하게 명왕성을 '팩트 체크'하고 명왕성 편에서 기꺼이 변호인이 되었다. 급기야 명왕성을 의인화시켜 대신 일기까지 써주는 수고도 마다하지 않는다. 이렇게 억울하게(?) 행성에서 제외된 명왕성의 못 다한 이야기들은 이 책의 커다란 줄거리가 되었다.

명왕성을 만나기 위한 명왕성 바라기들의 여정은 무척이나 흥미롭다. 교과서의 한 페이지로 끝날 내용을 이리저리 기막힌 비유를 들어가며 위트 있게 풀어내고, 우주엘리베이터를 타고 떠나는 우주여행은 상상만으로도 얼마나 즐겁고 짜릿한 일인지 깨닫게 한다. 학생들의 프로젝트 과정은 시트콤 같은 매력이 넘친다. 말도 안 되는 아이디어를 실험으로 함께 해결해 나가는 모습은 과학 탐구 과정을 통해 학생들이 어떻게 배우고 성장하는지를 현장감 있게 보여준다.

명왕성 바라기들의 노력은 이 정도에서 끝나지 않는다. 이들은 명왕성과 관련된 것이라면 바다 건너까지도 마다하지 않는다. 명왕성을 발견한 장소를 어렵사리 찾아가 그 흔적 속에서 명왕성 발견의 의미와 천문학의 역사를 되돌아본다. 또 명왕성을 발견한 천문학자 톰보의 '핏줄'인 유명 야구선수 클레이턴 커쇼와의 인터뷰를 위해 메이저리그 구장을 찾아가기도 한다. 이들에게는 야구경기가 핑계이고 명왕성의 핏줄이 주목적이리라.

이제 명왕성은 왜행성이 되어 '134340'이라는 어설픈 숫자 이름을 달고 있다. 하지만 명왕성 그 자체가 변한 것은 아무것도 없다. 인간들이 이름표를 떼건 말건 명왕성은 여전히 제자리에서 자신의 길을 가고 있다.

책의 끄트머리에서 강조하듯 우리를 둘러싸고 있는 우주는 변하지 않는데 우주에 대한 우리의 생각은 항상 변해왔다. 당연히 행성에 대한 논쟁의 과정에서 명왕성을 포함한 우주에 대한 이해는 더 넓고 깊어졌다. 그러니 결국 우리가 우주를 연구하는 까닭은 '광활한 우주에서 인간의 존재 의미와 역할은 무엇일까?'와 같은 철학적 물음에 대한 답을 찾는 것과 다를 바 없다. 유쾌한 명왕성 바라기들의 호기심은 이렇게 멋진 질문을 던지고 있다.

홍 기 석

경기도용인교육지원청교육장, 한국아마추어천문학회 감사

차례

들어가는 말

퇴출,
4퍼센트가 결정한 명왕성의 운명

우려했던 일이 결국 일어나고 말았다.

2006년 8월 24일 체코 프라하의회센터(Prague Congress Centre). 8월 14일부터 시작된 제26회 국제천문연맹(IAU) 총회가 막바지에 이르고 있었다. 이번 총회에서는 2500명의 천문학자들이 모여 6번의 학술 토론 회의와 10여 차례의 공동 토론을 진행했다. 그리고 폐회식에서 그동안 토론한 안건에 대한 투표가 진행됐다.

총회에서 진행된 투표는 누군가의 신분을 박탈할 수 있는 중요한 투표였다. 투표 결과 찬성 237, 반대 157, 기권 17로 상정된 안건은 통과되었고 이것으로 수십 년 동안 가지고 있던 누군가의 지위가 박탈되었다. 그 누군가는 사람이 아닌 태양계의 9번째 행성 '명왕성(Pluto)'이었다. 명왕성은 이 투표를 통해 행성(planet)에서 '왜행성(dwarf planet)'으로 강등되었다. 그리고 '134340 플루토(pluto)'라는 어색한 이름을 갖게 되었다.

명왕성은 어제와 다름없는 크기와 질량을 가지고 태양을 공전하고 있었지만 하루아침에 '왜소한 행성'이 되었다. 1930년 미국 애리조나의 로웰 천

제26회 국제천문연맹 총회 폐회식　　　　　행성의 정의에 대한 투표

문대에서 발견된 지 76년 만으로, 공전주기가 248년인 명왕성 시간으로 채 4개월도 지나지 않았다. 이날부터 태양계 행성은 8개가 되었다. 초등학생들은 외워야 할 행성의 수가 줄었다고 좋아했을지 모르지만 이 결정에 심각한 문제가 있다고 생각하는 사람들도 많았다.

사실 총회가 시작될 때만 해도 행성의 수를 줄이는 안이 아니라 12개로 늘이는 안이 제시되었다. 행성의 수를 3개나 더 늘이는 안이 나온 것은 2005년 카이퍼 벨트(Kuiper Belt)에서 발견된 새로운 천체 때문이었다.(2003년 10월 23일 촬영된 사진에서 2005년 1월 5일 발견했다.) 미국 캘리포니아공과대학(Caltech)의 마이클 브라운(Michael E. Brown) 교수가 캘리포니아의 팔로마 천문대에서 발견한 이 천체에는 2003 UB_{313}이라는 이름이 임시로 붙었다가 후에 '에리스(Eris)'라는 공식 명칭이 붙여졌다.

에리스는 발견되자마자 천문학계에 논란을 일으켰다. 크기가 명왕성과 비슷한 데다 질량은 명왕성보다 더 컸기 때문이었다. 게다가 디스노미아(Dysnomia)라는 위성도 가지고 있었다. 명왕성처럼 행성이 될 수 있는 자격을 갖춘 것이다. 그러나 카이퍼 벨트에서 비슷한 천체들이 계속 발견되었다. 에리스가 행성이 된다면 이들도 행성이 되어야만 했다. 수십 년에 한 개씩 발견되던 행성이 갑자기 과잉 공급될 상황에 처해졌다. 하지만 품귀현상을 일으키던 물건이 시장에 대량으로 쏟아져 나왔다고 해서 모두 살 수는 없는 노릇이었다.

에리스를 행성으로 인정할 수 없다면 그와 비슷한 물리량을 가진 명왕성은 어떻게 되는 것일까? 명왕성과 에리스는 2인 3각 경기처럼 서로의 발목을 묶은 채 달리는 꼴이 되어버렸다. 하나가 넘어지면 같이 넘어질 수밖에 없는 운명이었다.

에리스가 촉발시킨 천문학계의 갈등은 그 이름에 고스란히 녹아 있다. 새롭게 발견된 천체의 이름은 그리스나 로마의 신화에서 따오는 관례에 따라 에리스도 그리스신화의 여신에서 이름을 따왔는데, 에리스는 여신들 사이를 이간질시켜 트로이전쟁의 원인을 제공한 분쟁과 불화의 여신이다. 신화에서뿐만 아니라 현실에서도 에리스는 이름값을 톡톡히 하고 있었다.

에리스의 발견으로 논란이 일자 국제천문연맹은 2006년 총회에서 행성

마이클 브라운　　　　　왜행성 에리스　　　　　분쟁과 불화의 여신 에리스

의 정의를 투표로 결정하였다. 처음 제안된 안은 '항성의 주위를 돌고 구형을 유지할 수 있는 크기와 중력을 가지고 있으며 위성이 아닌 천체'였다. 이 안이 통과된다면 명왕성은 행성의 지위를 유지할 수 있게 된다. 그리고 명왕성의 발목을 잡고 있던 에리스와 소행성 세레스, 명왕성의 위성 카론도 덩달아 행성으로 업그레이드될 수 있다. 그러나 사회에서나 우주에서나 신분 상승은 쉽게 이루어지지 않는 법이다. 행성이 3개나 늘어나는 것에 대한 반발이 심하게 일면서 3개를 늘이기보다 1개를 줄이는 방향으로 결론이 났다. 새로운 행성의 정의는 다음과 같다.

1. 태양 주위를 공전하는 천체
2. 충분한 질량을 가지고 있어 구형을 유지하고 있는 천체
3. 공전궤도 주변의 다른 천체들을 지배하는 천체

명왕성을 행성에서 끌어내린 것은 세 번째 조건이었다. 세 번째 조건은 행성이 주변 물체를 모두 흡수할 정도의 지배력을 가지고 있어 공전궤도가 깨끗한(clear) 천체라는 의미다. 한마디로 행성이 지나가는 궤도 주변에 지저분한 것들이 없어야 한다는 말이다. 그러나 명왕성의 공전궤도 주변에는 카이퍼 벨트의 천체들이 많이 존재하고 명왕성은 이것들을 정리할 만한 능력이 없기 때문에 행성이 되기에는 부족하다는 것이다.

명왕성이 행성의 지위를 잃고 나서 가장 충격을 받은 곳은 미국항공우주국(NASA)이다. NASA는 국제천문연맹의 결정이 내려지기 7개월 전인 2006년 1월에 명왕성 탐사선 뉴허라이즌스(New Horizons)를 발사했다. 뉴허라

이즈스가 명왕성을 향해 날아가던 중에 명왕성은 행성의 지위를 잃었다. 뉴허라이즌스는 '행성 명왕성'을 향해 발사되었지만 도중에 '왜행성 명왕성'으로 목적지가 바뀌어버린 것이다. 더욱이 뉴허라이즌스에는 명왕성을 발견한 클라이드 톰보(Clyde W. Tombaugh)의 유해가 실려 있었다. 명왕성의 퇴출은 명왕성 발견자와 명왕성이 만나는 감동적인 장면을 연출하려던 NASA의 계획에 찬물을 끼얹었다.

뉴허라이즌스의 책임 연구원 앨런 스턴(Alan Stern)은 국제천문연맹의 이러한 결정에 강하게 반발하였다. 스턴은 상대론이나 진화론을 투표로 결정하지 않듯이 과학을 투표로 결정해서는 안 된다고 주장하였다. 그리고 투표에 참가한 과학자들의 대표성에도 의문을 제기했다. 명왕성을 행성에서 퇴출시킨 투표에 참여한 과학자는 424명으로 국제천문연맹 회원 중 4퍼센트에 불과했기 때문이다. 또한 4퍼센트의 과학자 중 대부분은 행성과학자(planetary scientist)가 아닌 천문학자(astronomer)였다. 스턴은 뇌수술을 정형외과 의사에게 맡기는 것과 마찬가지라고 비꼬았다.

뉴허라이즌스   앨런 스턴

또한 국제천문연맹 총회에서 채택된 행성의 기준에 대해서도 의문을 제기했다. 새롭게 추가된 세 번째 조건을 만족하는 천체는 태양계 내에 없다는 것이다. 태양계 행성 중 가장 큰 목성의 공전궤도에는 1800개 이상의 소행성들이 모여 있는 트로이 소행성군이 존재하고 해왕성의 공전궤도에도 명왕성이 침범하므로 목성과 해왕성은 행성이 될 수 없다고 주장하였다. 나머지 행성들의 궤도에도 끊임없이 작은 천체들이 접근하기 때문에 세 번째 조건을 충족시키지 못한다는 것이다.

스턴이 뉴허라이즌스의 책임 연구원이기 때문에 이런 주장을 한다고 볼 수도 있지만 좀 더 세부적으로 살펴보면 완전히 틀린 얘기는 아니다. 예를 들면 명왕성이 현재의 위치가 아닌 수성의 자리에 있다고 가정하면 과연 행성의 지위를 빼앗겼을까? 수성은 위성이 없을 뿐만 아니라 목성의 위성인 가니메데나 토성의 위성인 타이탄보다 작다. 그러나 수성에 대한 논란은 없다. 스턴의 얘기대로 해당 천체가 어느 위치에 있느냐에 따라 행성일 수도 있고 아닐 수도 있다는 것은 분명 문제가 있다.

이런 이유로 2006년 국제천문연맹의 결정이 난 이후에 명왕성을 행성으로 복원시키려는 움직임이 계속되어왔다. 스턴은 행성의 정의를 좀 더 과학적이고 인간의 직관에 맞게 바꿔야 한다고 주장하며 2017년 2월 국제천문연맹에 '항성보다 작은 둥근 물체'이며 '공전궤도의 특성과 관계없이 핵융합이 일어나지 않았고 자체 중력으로 회전하는 타원체(spheroidal shape)'로 행성의 정의를 바꾸자고 제안하였다.

2015년 7월 14일, 뉴허라이즌스는 지구를 떠난 지 9년 6개월 만에 태양에서 32.9AU(AU는 천문단위로, 보통 태양과 지구와의 평균 거리인 약 1억 4960만 킬로미터를 1AU라고 한다) 떨어진 명왕성에 도착했다. 비록 초속 14킬로미터의 빠른 속도로 스쳐 지나갔지만 뉴허라이즌스의 방문으로 가려져 있던 명왕성의 얼굴이 드러나며 전 세계인의 이목을 집중시켰다. 명왕성은 9년 전에 잃어버린 행성의 지위를 회복하지 못했지만 9년 전과 마찬가지로 태양의 주위를 돌고 있었다.

태양계의 9번째 행성이었던 명왕성은 어느 날 왜행성으로 강등되었다. 그것도 명왕성 자체의 물리적 특성이 변화해서가 아니라 4퍼센트가 결정

한 행성의 정의에 의해 신분이 바뀐 것이다. 국제천문연맹이 투표로 결정한 행성에 관한 정의는 과연 타당한 것일까? 그리고 명왕성은 행성이 될 자격이 없는 것일까? 이 물음에 대한 답을 찾기 위해 이제 막 베일을 벗기 시작한 비운의 전직 행성, 명왕성을 찾아 떠나보자.

명왕성

명왕성 일기

제목 **명왕성 발견**

오늘은 내 생애에서 가장 기쁜 날이다.

내 나이 벌써 사십억 살을 훌쩍 넘겼지만 그동안 이렇게 기쁜 날은 없었다. 로웰 천문대에 근무하는 클라이드 톰보라는 스물네 살의 젊은이가 드디어 나를 발견한 것이다.

1846년 요한 갈레(Johann G. Galle)가 내 앞에서 돌고 있던 해왕성을 발견할 때만 해도 나도 곧 발견될 것이라는 기대감에 부풀어 있었다. 그런데 1년이 지나고 10년이 지나고 1800년대가 지나도록 나를 알아봐 주는 이가 아무도 없었다. 때로는 해왕성보다 더 안쪽으로 들어가서 돌았는데도 사람들이 나를 알아보지 못했다.

물론 지구에서 나를 발견하기가 쉽지 않다는 것은 알고 있다. 지름이 달의 3분의 2 정도인 데다 빛의 속도로 달려도 4시간 이상이 걸리는 먼 거리에 있으니 얼마나 작게 보였을지 짐작이 간다. 톰보가 나를 찾기까지도 수월하지 않았을 것이다. 다른 날짜에 찍은 밤하늘 사진을 맨눈으로 보면서 위치가 바뀌는 천체를 찾아내는 일을 1년 가까이 했다고 한다. 사진판 1장에 5만 개에서 100만 개의 별들이 있었다고 하니 그 사이에서 나를 발견한 것은 기적에 가까운 일이다.

오늘 톰보가 나를 발견해준 덕분에 나는 태양계의 9번째 행성이 될 것이다. 태양 주위를 돌고 있는 수많은 물체들 중에서 열 손가락 안에 들게 된 것이다. 목성이나 토성 같은 큰 형님들과 어깨를 나란히 하게 되었으니 얼마나 대단한 일인가! 내 주변에는 나랑 비슷한 녀석들도 있는데 내가 9번째 행성이 된 것은 당분간 비밀로 해야겠다. 그 녀석들도 행성에 넣어달라고 떼를 쓰면 큰일이다.

나의 존재를 좀 더 분명하게 확인하고 나의 궤도를 정확히 결정하기 위해 몇 주 동안 나의 발견을 비밀에 붙이기로 했기 때문에 사람들은 아직 나의 존재를 모른다. 그래도 오늘은 내 생애에서 가장 기념비적인 날이다. 당장이라도 내가 나타났다고 세상을 향해 소리치고 싶었지만 당분간은 참기로 했다. 오늘 밤에는 잠이 오지 않을 것 같다.

제목 명왕성 발견 발표

드디어 오늘 나의 존재가 세상에 알려졌다.

로웰 천문대의 천문대장 베스토 슬라이퍼(Vesto M. Slipher) 박사가 태양계의 9번째 행성이 발견되었음을 알린 것이다. 벌써 몇 주 전에 발견되었지만 확인 작업을 위해 공식적인 발표를 미루었는데, 그동안 입이 근질거려서 혼났다.

오늘의 발표로 나는 공식적으로 '태양의 9번째 아들'인 동시에 태양계행성의 막냇동생이 되었다. 이 기쁨을 함께 나누고 싶은 사람은 물론 톰보다. 그러나 또 한 사람이 떠오른다. 나를 발견하려고 애리조나 플래그스태프(Flagstaff)에 천문대를 세운 퍼시벌 로웰(Percival L. Lowell)이다. 로웰은 천왕성의 궤도를 교란하는 행성이 해왕성 말고 또 있을 것이라는 추측으로 나를 찾기 시작했다. 물론 나의 질량이 지구의 7배나 될 것이라는 예측도 틀렸고 내가 천왕성의 궤도를 교란할 것이라는 추측도 빗나갔지만 로웰이 아니었다면 나를 찾으려는 시도도 없었을 테니 로웰에 대한 고마움은 평생 잊을 수 없을 것 같다.

로웰은 안타깝게도 14년 전에 죽었다. 더 안타까운 것은 로웰이 죽기 1년 전에 찍은 사진 안에 내가 있었지만 알아채지 못했다는 것이다. 그가 그토록 찾아 헤매던 'Planet X'가 바로 눈앞에 있었는데 발견하지 못하고 세상을 떠난 것이다. 우주 어딘가에 로웰의 영혼이 있어서 톰보가 나를 발견한 사실을 안다면 얼마나 기뻐할까? 내가 달보다 더 작다는 사실에는 크게 실망할 테지만…….

나의 존재가 세상에 알려진 오늘은 공교롭게도 1855년에 로웰이 태어난 날이라고 한다. 로웰에게는 멋진 생일 선물이 되었을 것이다. 거기다가 오늘은 1781년 윌리엄 허셜(Frederick William Herschel)이 천왕성을 발견한 날이라고 하니 3월 13일은 천문학적으로 길일인 것 같다.

아직 내 이름이 지어지지 않아 당분간은 그냥 9번째 행성(Ninth Planet)으로 불릴 것 같다. 근사한 이름을 지어줬으면 좋겠다. 이름은 아마도 나를 발견한 톰보가 짓지 않을까? 톰보의 작명 실력을 기대해 봐야겠다.

제목 **명왕성 발견 신문 기사**

오늘 신문에 나의 이야기가 대서특필되었다.
어제 슬라이퍼 박사가 발표한 나의 발견
에 대한 내용이 1면을 장식한 것이다. 〈시
카고 트리뷴〉지는 '하늘에 있는 또 다른 세
계를 보다(See another world in sky)'라는 제
목을 1면에 달았으며, 〈뉴욕 타임스〉는 '태양
계 구석에서 9번째 행성이 발견되었다(Ninth Planet
Discovered On Edge Of Solar System).'고 나의 존재를 세상에 알렸다.

내가 신문 1면을 장식하다니 얼마나 감격스러운 순간인가! 태양계 가장
자리의 춥고 어두운 길을 40억 년 이상 별 볼 일 없이 터벅터벅 돌기만 하
던 내게 이런 날이 올 줄을 누가 알았을까. 해왕성이 발견된 지 84년 만에
찾아낸 행성인 데다 미국인이 최초로 발견한 행성이라는 사실에 사람들의
관심이 치솟았다. 갑자기 이목이 집중되어 살짝 부끄럽기도 하지만, 오늘
은 환상적인 날이 될 듯하다.

그런데 신문에 실린 기사를 보니 나에 대해 뭔가 잘못 알고 있는 것 같
다. 〈시카고 트리뷴〉지는 내가 목성보다 크고, 지구보다는 무려 1200배나
클 것이라고 예측했다. 슬라이퍼 박사도 지구보다 작지 않은 것은 확실하

다고 말했다. 나는 은근히 걱정이 되었다. 나의 실체가 드러나면 사람들이 실망할 것이 분명했다. 아직 나의 모습을 자세히 볼 수 있는 망원경이 없는 것이 다행이지만 곧 나의 키나 몸무게를 재려고 사람들이 달려들 것이 뻔하다. 아, 대인기피증이 생길 것 같다.

제목 **명왕성 이름 짓기**

오늘은 내가 공식적으로 이름을 갖게 된 날이다.

나이가 40억 살이 넘었는데 이제야 이름을 가지다니 쑥스러운 생각이 들었다. 그러나 아직도 이름 없이 태양 주변을 몇 십억 년째 떠도는 내 주위의 암석 덩어리들을 생각하면 나는 운이 좋은 편이다.

나에게 이름은 붙여준 이는 누굴까? 당연히 톰보일 것이라고 생각했지만 뜻밖에도 영국의 열한 살짜리 소녀 베네시아 버니(Venetia Burney)가 내 이름을 지었다고 한다. 버니의 외할아버지가 신문을 보다가 내가 발견되었다는 소식을 보고 외손녀에게 이름을 지어보라고 했는데, 버니가 로마의 신 중에서 저승세계를 관장하는 플루토(Pluto)를 내 이름으로 제안했다고 한다. 왜 그랬을까?

재미있는 것은 버니의 외할아버지의 형인 헨리 메이든(Henry Madan)이 화성의 두 위성인 포보스(Phobos)와 데이모스(Deimos)의 이름은 지은 사람이라는 것이다. 작명에 뛰어난 능력이 있는 집안인 것 같다.

톰보도 플루토란 이름을 좋아했다고 한다. 플루토의 첫 번째와 두 번째 알파벳인

P, L이 퍼시벌 로웰의 첫 글자와 같아서라고 한다. 그런데 사실 나는 플루토란 이름이 썩 마음에 들지는 않는다. 나도 드디어 화려한 조명을 받기 시작했는데 저승세계의 신이라니…….

여기가 지구에서 너무 멀리 떨어져 있어서 저승이라고 생각한 것일까? 지구에서 누가 죽으면 혼이 여기까지 온다는 얘기인데, 정말 그렇다면 그동안 죽은 사람들의 혼이 내 주위를 떠돌고 있다는 말인가? 갑자기 으스스한 느낌이 든다. 하긴 여기가 햇볕이 잘 안 들고 어두워서 저승 느낌이 좀 나긴 한다.

어쨌든 썩 마음에 들지는 않지만 열한 살짜리 어린아이가 지어준 이름이니 고맙게 받기로 했다. 플루토란 신은 자신의 모습을 숨겨서 보이지 않게 하는 멋진 능력도 가지고 있다고 한다. 무엇보다도 톰보가 좋아해줘서 다행이다. 게다가 내 이름에 퍼시벌 로웰의 이름이 들어가 있다니 더욱 뜻깊다는 생각이 든다. 어쨌든 나는 오늘부터 PLUTO다.

어느덧 내가 세상에 알려진 지도 48년이 지났다. 그동안 나에 대한 관심이 많이 줄어서 서운했는데 오늘 다시 주목을 받았다. 미국 해군천문대의 제임스 크리스티(James W. Christy)가 나와 평생을 함께한 카론(Charon)을 발견한 것이다.

카론은 2만 킬로미터 떨어진 거리에서 내가 한 번 자전할 때마다 내 주위를 한 바퀴 돈다. 그런데 카론은 공전주기와 자전주기가 같아서 항상 나와 얼굴을 마주 보며 돌고 있다. 40억 년을 넘게 이렇게 마주 보고 돌았다. 카론의 뒤통수가 어떻게 생겼는지 궁금할 때가 한두 번이 아니었지만 한 번도 본 적이 없다. 물론 카론도 내 뒤통수를 보지 못했다.

48년 전에 톰보가 나를 발견할 때도 카론은 내 주위에서 나를 바라보며 계속 돌고 있었지만 톰보의 눈에 띄지 않았다. 카론이 섭섭해했지만 어쩔 수 없는 일이었다. 나보다 지름이 반밖에 안 되고 질량은 7분의 1 정도이니 그 시절의 망원경으로 보일 리가 만무했다. 나를 발견한 것도 기적 같은 일이었는데 카론을 발견하는 일은 더더욱 힘든 일이었을 것이다. 이제라도 발견된 것이 다행이다.

카론이란 이름은 그리스신화에서 유래한 것으로 나처럼 저승과 관련이 있는 이름이다. 죽은 사람이 이승에서 저승으로 가기 위해서는 비통의 강

아케론(Acheron)을 건너야 하는데 카론은 죽은 사람을 태워 강을 건네주는 뱃사공이다. 이제 정말 이곳은 저승으로 완전히 굳어지는 분위기다. 지구에서 죽은 사람이 이곳에 도착하면 내 주위를 돌던 카론이 그 사람을 배에 태워서 나에게 데려다주고 나는 그 사람을 지하세계로 인도한다. 완전히 상조회사 직원이 된 것 같은 기분이 든다.

그래도 힘든 인생을 마감하고 이곳에 온 사람들이 편안하게 쉴 수 있다면 그것도 보람 있는 일이 아닌가. 카론도 이제 이름을 얻었으니 제2의 인생이 시작된 것이다. 카론에게 축하 인사를 해야겠다. 그리고 뒤통수는 언제 보여줄 거냐고 물어봐야겠다.

그런데 카론이 발견되면서 조금 불안해졌다. 내 질량이 지구의 0.2퍼센트밖에 되지 않는다는 사실이 밝혀진 것이다. 크기도 달보다 작다는 사실이 알려지면서 행성치고는 너무 볼품없다고 사람들이 수군대기 시작했다. 그래도 나를 행성에서 쫓아내지는 않겠지…….

제목 **톰보 사망**

    오늘은 정말 슬픈 날이다. 클라이드 톰보가 죽었다. 67년 전 나를 발견하고 기뻐하던 모습이 아직도 생생한데 이렇게 세상을 떠나다니 너무 안타깝다. 올해로 90살이니 사람의 나이로 따지면 짧은 삶은 아니지만 그래도 좀 더 오래 살면 좋았을 텐데……. 더욱이 요즘 나를 행성에서 끌어내리려는 움직임이 일고 있어 마음이 편치 않았는데 톰보마저 이렇게 떠나면 앞으로 누구를 믿고 살아야 할까.

    하지만 한편으로는 세상을 떠난 톰보도 내가 관장하는 지하세계로 올 것이라고 생각하니 마음이 편안해진다. 카론에게 먼 길을 온 톰보를 누구보다 따뜻하게 맞아주라고 얘기했다.

제목 **에리스 발견**

톰보가 죽은 지 거의 8년이 되었다. 톰보가 살아 있을 때만 해도 괜찮았는데 죽고 나서 점점 불안한 마음이 커지더니 오늘은 가슴이 철렁 내려앉는 소식이 들려왔다. 캘리포니아공과대학의 마이클 브라운 교수가 나와 크기가 비슷한 에리스를 발견했다는 것이다. 브라운은 에리스가 은근히 10번째 행성이 되기를 바라는 것 같은데 그게 가능할까?

안 그래도 요즘 나를 잡아먹지 못해 안달인 사람들이 많은데 에리스를 10번째 행성으로 쳐주기는커녕 에리스를 핑계로 나마저도 행성에서 퇴출시키려고 할 것이 뻔하다. 브라운이 괜히 얄미워졌다. 왜 하필 에리스를 발견해서 이런 분란을 일으킬까? 그리스신화에 나오는 분쟁과 불화의 여신에서 이름을 따왔다는 에리스가 내 발목을 제대로 잡은 것 같다.

날짜 2006년 1월 19일 목요일
제목 **뉴허라이즌스 발사**

　에리스 때문에 심란하던 차에 오늘은 좋은 소식이 날아들었다. NASA에서 나를 위해 탐사선을 발사했다는 것이다. '새로운 지평선'이라는 뜻을 가진 뉴허라이즌스가 지구를 출발한 것이다. 지구에서 40AU나 떨어져 있는 나를 보기 위해서 말이다.

　감격해서 눈물이 날 것 같다. 더욱 감동적인 것은 탐사선에 톰보의 유해 일부를 실어서 보냈다는 것이다. 76년 전, 별들이 빽빽이 들어찬 사진을 1년 가까이 들여다보며 나를 찾아내 세상에 알린 그 톰보가 내게로 오고 있다니…….

　궤도를 이탈해 탐사선을 맞으러 달려가고 싶은 심정이다. 하지만 기다리는 것밖에 달리 방법이 없다. 탐사선의 속도가 초속 16킬로미터 이상이라고 하니 잘못 마중을 나갔다가 충돌이라도 하는 날에는 우주쓰레기만 엄청 만들고 말 것이다. 탐사선의 속도가 이렇게 빠른데도 근 10년이 되어야 도착을 한다고 한다. 세상은 정말 넓다.

　톰보를 실은 탐사선이 내게로 오고 있어서 기쁘기는 하지만 요즘 한 가지 걱정이 있다. 나를 태양계 행성에서 제외시키려 하는 움직임이 눈에 띄게 커졌다. 탐사선까지 보내는 마당에 나를 쫓아내려고 왜 그렇게 애를 쓰는지 도무지 이해가 안 간다.

제목 **명왕성 행성 퇴출**

오늘은 내 인생 최악의 날이다.

체코 프라하에서 열린 국제천문연맹 총회에서 나를 행성에서 퇴출시
킨 것이다. 이제 나는 행성이 아니라 왜행성이라는 볼품없는 그룹에 속하
게 됐다. 그리고 이름도 '134340 플루토'라는 이상한 이름으로 바뀌었다.
134340. 무슨 죄수 번호도 아니고…….

1930년 톰보의 발견 뒤로 아직 태양을 한 바퀴도 돌지 않았는데 나를
퇴출시키다니 너무 억울하다. 이제 태양을 아버지라 부를 수도 없고 목성
이나 토성을 형이라 부를 수도 없다. 형을 형이라 부르지 못하고 아버지를
아버지라 부르지 못했던 홍길동의 심정을 이해할 수 있을 것 같다.

톰보가 죽은 지 10년도 안 돼서 나를 쫓아내다니……. 톰보는 나를 만나
기 위해 한창 우주를 달려오는 중인데 이 사실을 알면 얼마나 섭섭해할까?

에리스와 세레스(Ceres)도 나와 같이 왜행성이 되었
다. 얼마 전까지 나를 쳐다볼 수도 없던 것들이 이
제 나와 같은 레벨이 되다니…….

만나면 아는 척하지 말아야겠다. 아, 짜증 나!

제목 **뉴허라이즌스 명왕성 접근**

오늘은 내가 검색 순위 1위에 올랐다. 멀고 먼 길을 날아온 뉴허라이즌스가 드디어 도착했기 때문이다. 뉴허라이즌스는 카론보다 더 가까이 나에게 다가왔다. 지금까지 이렇게 가까이 나에게 접근한 탐사선은 없었다. 톰보의 유해를 실은 뉴허라이즌스를 잠시라도 착륙시켜 회포를 풀고 싶었지만 초속 14킬로미터가 넘는 속도라 잡아둘 수가 없었다.

경차 정도밖에 안 되는 작은 크기로 9년을 넘게 어두운 우주를 달려온 뉴허라이즌스가 대견하기만 하다. 그사이에 나는 왜행성이 되어버려 우울한 날들을 보내고 있었는데 오늘 뉴허라이즌스를 만나니 기쁘기 그지없다. 톰보의 기운을 받아 다시 9번째 행성으로 돌아가면 좋겠다는 생각이 문득 들었다. 쉽지는 않겠지만…….

뉴허라이즌스는 나를 지나서 이제 태양계 밖으로 날아간다고 한다. 좀 더 오래 내 곁에 머물면 좋겠지만 맡은 임무가 있어 그럴 수 없는 것이 안타깝다. 뉴허라이즌스가 가고 나면 한동안 나를 찾아주는 이는 없을 듯하다. 앞으로 10여 년 후면 내가 발견된 지 100년이 된다. 그 전에 다시 행성으로 복귀해서 태양과 목성, 토성을 호부호형할 수 있으면 참 좋겠다.

1

지구에서 **벗어나기**

그렇다.

이제 우리는 행성에서 소외된 명왕성을 위로하기 위해 떠난다.

생각보다 긴 여정이지만 당장 지구에서 벗어나는 것부터 만만치 않아 보인다.

무거운 로켓에 연료를 가득 싣고 떠나는 방법도 있고,

비교적 가까운 미래에 만들어질지 모르는 우주엘리베이터를 이용해

대기권을 벗어난 후 그곳에서 출발할 수도 있다.

이제 긴 여정의 첫발을 내딛어보자.

우주를 자동차로
여행한다면

●

　　　　　　　　여행을 떠나기 전에는 준비해야 할 것들
이 많다. 먹을 것이나 갈아입을 옷, 여행지에서 사진을 남기기 위한 카메라,
그리고 자동차 여행이라면 연료를 채우고 떠나야 한다. 그런데 우주여행이
라면 상황이 조금 달라진다. 이 중에서 몇 개는 준비할 필요가 없고 어떤 것
은 가벼운 것들로만 가져가야 하며 때론 평소보다 수천 배나 많이 챙겨야
할 것도 있다.

　만약 달까지 우주여행을 자동차로 간다고 해보자. 물론 달까지 평지이며
멋진 고속도로가 놓여 있어서 달리기만 하면 된다고 가정하자. 달까지 자동
차로 여행한다면 꼬박 다섯 달 이상 쉬지 않고 달려야 한다. 연료는 화물 자
동차의 기다란 탱크 두 개*를 가득 채우고 떠나야 한다.

자동차로 달까지 가기 위한 연료

그런데 연료가 많아지면 여행에 문제가 생긴다. 연료 무게만큼 무거워지기 때문이다. 또 그 많은 연료를 안전하게 싣고 가기 위해서는 탱크를 튼튼하게 만들어야 할 테니 탱크만의 무게 또한 무시하지 못할 것이다. 그래서 목적지까지 가기 위해서는 연료와 탱크 무게를 고려해 연료를 더 실어야 한다. 그 때문에 실제 우주선에 쓸, 무게가 가벼우면서도 효율이 좋은 연료를 꾸준히 개발하고 있다.

다행히 우리의 여행에 도움을 주는 것들도 있다. 일단 출발만 하면 관성에 의해 계속 나아갈 것이기 때문에 연료의 소모는 생각보다 덜할 수 있다. 더 높은 우주에 가면 공기가 없어 차의 속도를 줄이는 마찰도 거의 없다. 그러니 연료도 거의 소모되지 않는다.

하지만 결정적으로 자동차 여행과 우주여행이 다른 점이 있다. 바로 자동차는 평지를 달리지만 우주선은 지표면과 수직으로 지구를 벗어나야 한

● 지구에서 달까지의 거리는 38만 킬로미터 정도로, 시속 100킬로미터로 쉬지 않고 150일 이상을 달려야 한다. 자동차의 연비를 10km/L로 계산할 경우 3만 8000리터의 연료가 필요하고, 이는 탱크로리 2대에 연료를 채우는 양과 비슷하다. 반면 우주정거장까지의 거리는 400킬로미터 정도로 보통 자동차의 연료 탱크를 가득 채우면 주행할 수 있는 거리다.

다는 것이다. 자동차를 미는 것과 자동차를 들어 올리는 것은 많은 차이가 있다. 더군다나 자동차 무게의 수백 배나 나가는 연료 탱크도 같이 들어 올려야 한다. 그래서 출발이 아주 어렵다.

이런 이유로 우주정거장이나 그보다 천 배나 더 떨어진 달에 갈 때 필요한 연료는 크게 차이 나지 않는다. 그리고 출발 후 몇 분 내에 연료를 거의 다 소모하고 탱크까지 집어 던지기 때문에 이후 여행은 한결 가벼워질 것이다. 실제 우주정거장까지 자동차를 실어 나르기 위해서는 컨테이너 열 개 정도에 연료를 가득 담아야 한다. 이만큼의 연료를 출발 후 10분도 안 돼서 다 써버린다.

로켓을 타고 떠나는
힘겨운 출발

●

우주로 나가는 것은 자동차로 여행하듯 쉽지 않다는 것을 알았다. 실제 로켓을 타고 가는 것도 만만치 않다. 가장 먼저 겪게 되는 것은 출발할 때의 가속도. 수천 톤의 연료를 쏟아내면서 이륙하는 로켓은 아주 빠르게 지구를 벗어난다. 연료를 써버리는 만큼 가벼워지기 때문에 속력이 아주 빠르게 증가한다. 이렇게 속력이 증가하거나 감소하는 양을 가속도라고 한다.

비행기가 이륙할 때 느낌을 기억해보자. 의자 뒤에서 누군가가 있는 힘껏 앞으로 밀 때 느낌은 아빠 차에서는 결코 경험할 수 없다. 머리에 힘을

가속도를 견뎌야 하는 험난한 출발

주지 않으면 고개가 뒤로 젖혀지기도 한다. 누군가 앞에서 내 몸을 누르는 듯한 느낌도 든다. 그런데 이때 가속도는 $2.7m/s^2$ 정도로 우리가 매일 아래로 느끼는 중력가속도의 4분의 1 정도밖에 되지 않는다.

그러면 우주선이 출발할 때 가속도는 어느 정도 될까?

우주선을 쏘아 올리는 우주로켓은 약 9분 동안 최대 지구중력의 세 배인 3G($29.4m/s^2$)의 가속도를 겪게 된다. 자신의 몸무게 3배 정도의 힘이므로 아마도 커다란 수컷 돼지 한 마리를 무릎 위에 사뿐히 올려놓는 것과 같은 기분을 느낄 것이다. 9분이 9시간보다 더 길게 느껴질지도 모르겠다. 출발할 때 돼지 냄새에 코가 간지러워도 긁을 수가 없다. 100킬로그램에 해당하는 팔의 무게를 연약한 근육이 감당할 수 없을 것이기 때문이다.

낭만적인 우주여행을 방해하는 것이 하나 더 있다. 로켓이 연소되면서 나는 엄청난 소음과 진동이다.

"그건 아주 난폭하게 운전하는 차를 타는 것과 같다고 볼 수 있죠. 앞의 모든 것이 흔들리기 때문에 계기판조차도 읽을 수가 없습니다. 굉음이 울리고 사방이 시끄럽습니다. 속도감을 느낄 수 있는 유일한 방법은 창문을 내다보는 것이죠."

우주비행사 돈 토마스(Don Thomas)는 발사 후 상황을 묻는 질문에 이렇

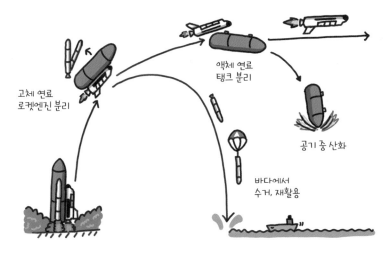

게 답했다. 엄청난 가속과 진동, 시끄러운 소리는 고체 연료 로켓이 떨어져 나갈 때까지 지속된다.

출발 후 2분이 되면 지표면에서 50킬로미터 정도를 지나게 된다. 그 속도는 음속의 4배가량으로 1.3km/s 정도 된다. 총알보다 빠른 속력으로 상승하고 있는 것이다. 이때 몸으로 느껴지는 가속도는 약 2.5G이다. 무릎 위로 수컷 돼지의 무게를 고통스럽게 느끼고 있을 때 창밖으로 밝은 섬광이 비치면서 고체 연료 로켓엔진이 떨어져 나간다. 본체와 연결된 볼트가 때맞춰 부서지면서 분리되는 것이다. 떨어져 나간 고체 연료 로켓엔진은 낙하산이 펼쳐지며 인근 바다에 떨어지는데 선박이 대기하고 있다가 끌고 가서 다음번 발사에 재활용한다.

고체 연료 로켓엔진이 분리되면 우주선의 무게는 한결 가벼워진다. 그 때문에 이전보다 더 빠르게 속도가 증가하면서 우주비행사가 느끼는 중력은 더 크게 늘어난다. 출발 후 9분이 되면 지표면에서 120킬로미터 상공까지 가파르게 올라오는데 이때 우주비행사는 더 묵직해진 돼지의 무게를 온전히 느끼게 된다. 조금 후에 우주선의 주 엔진이 꺼지면서 외부 탱크도 떨어져 나간다. 주황색 외부 탱크는 대기권에서 마찰로 별똥별처럼 모두 타 없어진다. 동시에 무릎 위의 돼지도 사뿐히 사라진다.

이제 우주선은 엔진을 모두 끄고 일정한 속력으로 우주정거장의 궤도로 서서히 접근한다. 때때로 미세한 조정이 필요할 때 작은 궤도 수정 엔진을 작동할 뿐 주 엔진은 작동을 멈추고 우주선 안은 지극히 고요해진다.

지구에서 벗어나기

●

왜 지구를 벗어나려면 돼지에게 눌려가며 출발해야 할 정도로 힘이 들까? 이것에 대한 대답은 누구나 알고 있다. 바로 중력 때문이다. 지구가 모든 물체를 아래로 당기고 있기 때문에 위로 벗어나는 것이 힘든 것이다.

그렇다면 중력을 이기고 지구를 벗어나기 위해서는 얼마나 빨라야 할까? 이것 역시 물리학자들이 이미 오래전에 계산해두었다. 행성의 중력을 벗어나 무한히 먼 곳까지 가기 위한 최소한의 속도, 바로 탈출속도가 필요하다. 지표면에서 야구공을 던졌을 때 탈출속도 이상으로 던져야 우주로 날아간다는 말이다. 대략 계산해보면 11.2km/s가 된다.

이 양은 행성의 중력과 관계가 있다. 수성의 경우에는 4.3km/s이지만 무거운 목성의 경우는 60km/s나 된다. 탈출속력이 클수록 그 행성에서 탈출하기가 어렵다. 지구의 탈출속도인 11.2km/s는 매우 빠른 속력인데 이 속력으로 야구공을 던지면 서울에서 제주까지 단 40초 만에 날아간다. 사람이 공을 던져 낼 수 있는 속력은 아니다. 가장 빠른 총알이 1초에 1킬로미터를 힘겹게 날아가므로 총알보다 10배 이상 빠른 속력이다. 그러니 제아무리 강속구 투수라도 야구공을 우주로 내보낼 수는 없다.

그럼 지구를 출발한 우주선이 실제로 이렇게 빠른 속도로 지구를 벗어날까? 우주정거장이 지표에서 350킬로미터 위에 있으므로 탈출속도로 가면 30초면 도착한다. 처음에 가속하기 위해 필요한 시간을 감안하더라도 우주정거장까지 수분 이내로 도착해야 하는데 실제로는 최소 6시간 이상 걸린다. 그리고 대개는 2일이 걸리는데 지구를 여러 번 돌면서 궤도를 맞춰야 하기 때문이다. 탈출속도는 동력장치가 없는 야구공 같은 물체가 행성의 표면에서 탈출하기 위해 필요한 초기속력이므로 로켓과 같이 동력장치가 있는 경우에 해당하는 것은 아니다. 동력장치가 있으면 서서히 가속시켜 비교적 느린 속력으로 출발해도 우주로 날아갈 수 있다.

로켓은 출발 후 수직으로 날아가다가 얼마 안 가 방향을 꺾어 지표면과 나란하게 날아간다. 속력을 높여 목표한 궤도의 높이에 도달하면 궤도를 돌 수 있는 공전속력으로 맞춘다. 지상으로부터 높이에 따라 공전할 수 있는 공전속력이 정해져 있다. 이 공전속력으로 우주선의 속력을 맞추면 그때부터는 엔진을 꺼도 별도의 동력 없이 인공위성처럼 일정한 속력으로 지구를 돌게 된다. 이렇게 지구를 수차례 공전하면서 서서히 연료를 분사하여 우주 정거장의 궤도에 정밀하게 진입하거나, 추가 연료를 분사하고 우주로 나아 가기도 한다.

"우주는 정말 캄캄합니다. 깊은 암흑의 바다라고나 할까요? 그런 어둠 속에서 지구의 푸른 모습을 보면 입에서 나오는 말은 '우아!'가 전부죠."

우주비행사 돈 토마스는 지구와 다른 우주의 하늘을 외마디 감탄사로 표현했다. 또 마크 셔틀워스(Mark shuttleworth)●는 우주정거장에 도킹한 후 때마침 걸려온 대통령의 전화에 이렇게 말했다.

"우주에서 보는 지구처럼 아름다운 것은 없습니다."

더 이상 무슨 말이 필요할까?

우주로 가는
다른 로켓은 어떨까?

●

우주왕복선은 이제 더 이상 운행되지 않 는다. 과거 막대한 우주개발 비용을 절약하기 위해 재활용이 가능한 우주왕 복선을 개발했지만 예상보다 비용이 절약되지 않아 2011년 7월 아틀란티 스호를 마지막으로 운행을 중단했다. 미국은 이후 국제우주정거장에 우주

● 남아프리카공화국 출신의 두 번째 민간인 우주여행자

인을 보내기 위해 우주왕복선 발사 비용의 절반도 안 되는 비용을 지불하고 러시아의 소유스(Soyuz) 로켓을 이용한다. 소유스 우주선은 완전한 1회용 우주선으로 한 번 쓰고 버린다. 때로는 고쳐서 재활용하는 것보다 사서한 번 쓰고 버리는 것이 비용이 더 낮을 수도 있다.

소유스 우주선은 3명의 우주인과 약 800킬로그램의 화물을 탑재할 수있다. 만들어진 지 거의 50년이 되었지만 그동안 꾸준히 개선되어 현재 가장 저렴하면서도 안전한 우주선으로 여겨지고 있다. 얼마나 저렴한지 민간인도 돈을 내고 우주여행을 했는데, 2001년 최초의 민간 우주인 데니스 티토(Dennis A. Tito)는 우리 돈으로 약 250억 원을 내고 우주여행을 다녀왔다. 다만 우주왕복선처럼 좌석이 안락하지 않고 쪼그려 앉아야 할 뿐 아니라올라가면서 여러 번 로켓이 분리되기 때문에 충격이 심하고 승차감도 형편없다.

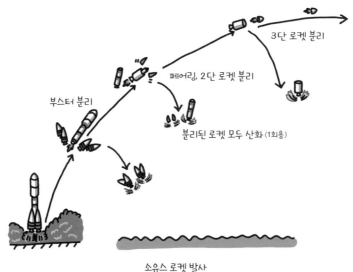

3단 로켓 분리

페어링, 2단 로켓 분리

부스터 분리

분리된 로켓 모두 산화 (1회용)

소유스 로켓 발사

우주여행을 길게 하기 위해서는 많은 짐이 필요한데 사람과 같이 한 번에 가져가기보다는 여러 번에 걸쳐 나눠서 화물만 먼저 보내기도 한다. 이렇게 화물을 우주로 보내는 무인우주선으로는 민간 우주항공사인 스페이스X의 팰컨 9 로켓을 사용한 우주선이 있다. 소유스와 달리 로켓을 재활용하는데, 놀랍게도 상공에서 분리된 후 로켓 스스로 바다 한가운데 널따란 배에 얌전히 수직으로 내려앉는다. 이전 우주왕복선의 경우 고체 부스터 로켓을 바다에서 건져 올려 세척해서 재활용하던 것에 비해 바다에 빠지지 않기 때문에 훨씬 경제적이며 편리하게 재활용하는 방법이다. 이미 재활용된 로켓을 이용해 발사에 성공하기도 했다. 이로써 팰컨 9 로켓은 가장 경제적인 로켓으로 평가받는다.

스페이스X는 화물선뿐만 아니라 유인우주선도 개발하고 있다. 더 나

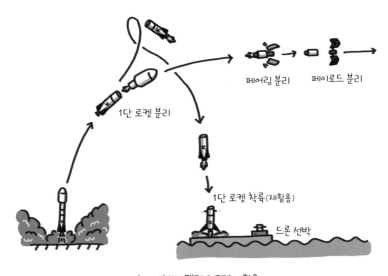

페어링 분리   페이로드 분리

1단 로켓 분리

1단 로켓 착륙(재활용)

드론 선박

스페이스X의 팰컨 9 로켓 재활용

아가 이 회사의 CEO 일론 머스크(Elon R. Musk)는 화성 탐사선을 개발하고 있는데 화성에 인간의 정착지를 만들기 위한 화물을 먼저 보내고, 이후 우주선에 100명 이상의 사람을 태워 보내는 계획을 세우고 있다. ITS(Interplanetary Transport System)라 불리는 이 로켓 시스템은 지구궤도에 먼저 우주선을 올려놓고 연료 보급선을 띄워 도킹시켜 행성 간 여행에 필요한 연료를 충전하고 화성으로 떠난다. 화성까지 80일에서 150일이 소요될 예정이며 객실과 식당, 영화관람을 위한 장비 등 편의시설들을 설치할 계획이라고 한다. 과연 몇 편의 영화를 감상해야 화성에 도착할 수 있을까?

일론 머스크는 이 SF 영화 같은 계획을 발표하면서 목성의 위성인 유로파와 명왕성의 사진을 프레젠테이션에 포함시켰다. 이 사람 말대로라면 ITS는 현재 명왕성까지 가는 것을 가장 기대해볼 수 있는 우주선이다.

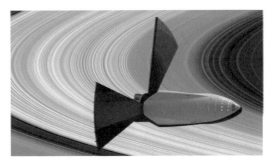

태양전지판을 편 채 토성 고리 근처를 날아가는 ITS 상상도

로켓 말고 엘리베이터를 타고 가는 건 어때?

●

우주로 가고는 싶은데 돼지를 안고 가는 듯한 가속도도 싫고, 불을 뿜어내며 언제 터질지 모르는 로켓을 타고 가는 것이 불안하다면 우주엘리베이터를 추천한다. 오늘 아침에도 그랬듯이 가볍게 출근하듯 엘리베이터에 오르면 우주정거장보다 백 배 정도 되는 높이까지 빠르면 일주일 만에 올라갈 수 있다. 게다가 로켓에 비해 가격은 10분의 1밖에 들지 않는다. 고작 지구와 붙어 있는 것과 다를 바 없는 우주정거장까지 가는 데 250억 원을 지불한 최초의 민간 우주인 '데니스 티토'가 분노할 일이다.

물론 아주 격하게 화낼 일은 아니다. 아직 계획 단계이기 때문이다. 하지만 우주엘리베이터 아이디어를 지속적으로 발전시키고 있는 미국의 물리학자 브래들리 에드워즈(Bradley C. Edwards)는 그의 책 『스페이스 엘리베이터로 떠나는 우주여행(Leaving at Planet by Space Elevator)』에서 우주엘리베이터가 먼 미래의 일이 아니라면서 비행기를 발명한 라이트형제의 얘기

우주엘리베이터 상상도

를 들려준다. 1903년 미국을 방문한 영국의 물리학자 배런 켈빈(Baron Kelvin)은 '공기보다 무거운 물체의 비행은 있을 수 없다.'고 장담하듯 말했는데, 그다음 해에 라이트형제는 최초의 비행기를 설계하고 이륙에 성공했기 때문이다.

전문가들은 가까운 미래에 이러한 우주엘리베이터가 결국 실현될 것이라고 예상한다. 2006년에 출간된 에드워즈의 책에는 2020년이면 가능하다고 했는데 현재 상황으로는 낙관적이진 않아 보인다.

엘리베이터를 타고 우주로 가자는 아이디어를 처음 낸 사람은 여럿 있지만 케이블로 된 지금의 엘리베이터 형태를 제시한 사람은 러시아의 엔지니어인 유리 아르추타노프(Yuri Artsutanov)이다. 아르추타노프는 1960년에 케이블을 연결하여 우주엘리베이터를 만들 수 있다고 했고, 이 아이디어를 유명한 SF 작가인 아서 클라크(Arther C. Clarke)가 『낙원의 샘(The Fountains of Paradise)』이라는 공상과학소설(SF)에 차용함으로써 널리 알려지기 시작했다. 물론 당시에는 가능성이 전혀 없는 가상의 이야기에 불과했지만 시대가 변해 100년 후 일상이 되어버린 비행기처럼 이제 머지않아 우주여행이 엘리베이터와 같은 일상이 될 전망이다.

우주엘리베이터는 간단히 실에 돌을 매달아 손으로 잡고 돌리는 것을 연상하면 된다. 실을 잡고 있는 손이 지구이며 돌멩이가 균형추, 그리고 실이 우주로 안내할 케이블이다. 이때 작은 개미가 손에서 출발해 돌까지 실을 따라간다고 생각해보자. 이 개미가 바로 승객이 탑승할 엘리베이터의 클라이머(climber)이다. 그러니까 우리가 개미 등에 올라타고 돌멩이가 있는 곳까지 구경 가는 것이 우주여행이란 것이다.

그래서 우주엘리베이터는 몇 가지 구성요소가 필요하다. 돌멩이와 같은 균형추, 지구와 균형추를 연결할 케이블, 케이블을 묶어둘 앵커(anchor), 그리고 우리가 타고 올라갈 클라이머 본체다. 지금까지 연구된 결과를 보면 놀랍게도 몇 가지 기술적인 문제를 제외하면 각 부분별로 구체적인 설계와 실행 계획이 거의 완성되어 있다. 다만 핵심 기술과 돈이 좀 많이 부족할 따름이다.

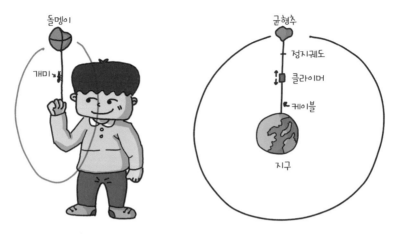

우주엘리베이터 개념도

우주엘리베이터
건설 방법

●

　　　　　현재까지 연구된 우주엘리베이터 건설
계획은 매우 구체적이다. 일단 로켓에 케이블을 실어 정지위성 고도인 3만
6000킬로미터에 올려놓고 서서히 지구로 케이블을 내리는 것이다. 이 고도
는 지구와 함께 자전하기 때문에 케이블을 내릴 때 줄 끝이 움직이지 않고
예상되는 위치에 그대로 내릴 수 있게 된다. 하늘에서 동아줄이 내려오듯 탄
소 나노튜브로 만든 케이블이 내려온다고 상상해보라. 정말 장관일 것이다.

　케이블이 내려오면 이것을 땅과 연결한다. 이 케이블을 연결할 지상 구
조물을 앵커라고 하는데 바닷속 단단한 지반에 구조물을 지어 연결하는 것
을 고려하고 있다. 케이블이 한 가닥 연결되면 이 케이블을 이용해 무인 클

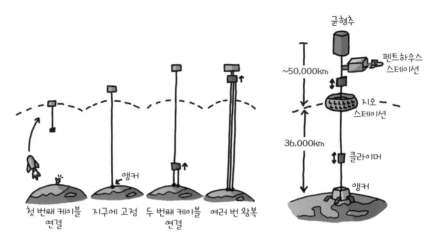

우주엘리베이터 건설 과정과 개요

라이머가 또 다른 케이블을 싣고 올라가면서 케이블을 아래에서 위로 연결한다. 이런 방식으로 여러 번 오르락내리락하면서 엘리베이터의 여러 케이블이 완성되는 것이다.

또 정지궤도 위로 무게중심을 맞추기 위해서 균형추가 필요하다. 균형추가 없으면 정지궤도에 있어도 케이블과 클라이머의 무게 때문에 지구로 떨어지기 때문이다. 균형추가 있는 공간은 중력보다 밖으로 나가려는 원심력이 강해서 무거운 짐을 달아도 아래로 떨어지지 않는다. 초기에 엔지니어들은 더 큰 인공위성을 하나 띄워 그것을 균형추로 만들면 정지궤도에서 중력과 균형추로 인한 원심력이 평형을 이루어 안정한 구조를 이룰 것으로 생각했다. 그러나 좀 더 무거운 물체가 필요하다는 것을 알게 된 일부 신난 과학자들과 엔지니어들이 소행성을 균형추로 사용하자는 의견을 내서 현재는 이러한 의견이 대세로 여겨지고 있다. 이 황당무계한 아이디어는 국내외에서 훌륭한 공상과학소설의 소재로 사용되면서 인기를 끌기도 했다. 심지어 화성 궤도 밖의 소행성대까지 가서 적당한 소행성을 마트에서 과일 고르듯이 골라서 줄에 매달아 지구로 데려오기도 한다.

이렇게 엘리베이터의 구조물들이 어느 정도 완성되면 먼저 화물을 정지궤도에 올려서 필요한 시설들을 만든다. 정지궤도에는 여행객을 위한 전망대와 호텔 등의 편의시설들이 설치될 전망이다. 이것을 지오 스테이션(GEO Station)이라 부르는데 인류가 우주에 건설할 최초의 대규모 건축물이 될 것으로 보인다. 지오 스테이션보다 더 위쪽으로는 약 10만 킬로미터 높이에 펜트하우스 스테이션이 만들어진다. 이곳은 더 먼 우주로 나아가기 위한 우주여행의 출발점이 된다. 아마도 명왕성행 우주선은 이곳에서 출발할 가능성이 크다. 탑승객들이 지오 스테이션에서 충분한 휴식을 취하는 동안 펜트하우스 스테이션에서는 긴 여정에 필요한 여러 화물을 싣고 연료를 채우고 있을 것이다. 지구에서부터 로켓을 타고 출발할 때보다 훨씬 적은 연료로도 더욱 멀리 여행할 수 있기 때문에 효율적이면서 쾌적하게 출발할 수 있을 것으로 기대된다.

여행객이 탈 클라이머 본체를 제작하는 것도 꽤 구체적으로 설계되고 있다. 여러 개의 버튼과 거울만 달린 지구의 엘리베이터와는 달리 길게는 한 달 정도 체류할 수 있도록 여러 개의 침실을 갖추고 시속 200킬로미터의 속력으로 편안하게 올라가기 위한, 진동과 소음을 차단할 수 있는 구조를 갖춰야 한다. 비행기보다 체류 시간이 길기 때문에 창문을 통해 지구와 우주의 장대한 광경을 볼 수 있도록 하고 영화나 영상통화, 게임 등 엔터테인먼트를 제공해야 할 것이다. 또한 고도가 높아질수록 중력의 효과가 작아지고 결국 마이크로중력 환경(중력의 효과가 거의 없어지는 환경)이 될 것이므로 그에 따른 넓은 공간과 효율적인 시설 배치 등이 고려되고 있다. 클라이머 화장실에서 소변을 보다가 소변이 공기 중으로 방울방울 날아다니는 최악의 상황은 피하게 될 것이 분명하다.

지구에서 엘리베이터를 타는 장소인 스페이스 터미널은 어디에다 만들까? 이는 과학적인 측면만 고려해서는 안 될 것이다. 보다 대중화한 관광 상품이 되었을 때 과학을 떠나서 상업적이고 정치적이며 때론 군사적으로 이용될 수 있기 때문이다. 우주개발을 주도하는 미국의 연구 결과를 보면 지상의 스페이스 터미널로 열 군데가 넘는 장소를 선정하고 있다. 일단 적도 근처가 엘리베이터가 곧바로 서 있을 수 있기 때문에 안정적이며 번개가 치거나 폭풍이 불지 않는 곳, 항로에 영향을 적게 받는 곳, 국제공항이 근처에 있어 관광객 유치에 유리한 곳 등이 고려된다. 현재까지 가장 유력하게 거론되고 있는 곳은 호주 서부의 해상이다. 놀라운 것은 아직 어떻게 만들어질지도 모르고 언제 만들어질지도 모르는 이 우주엘리베이터 터미널 유치에 호주 정부가 공식적으로 적극 나서고 있다는 점이다.

우주엘리베이터 건설의
어려운 점들

●

우주엘리베이터의 실현 가능성을 막는 문제점은 한두 가지가 아니다. 우주엘리베이터는 대충 초등학생처럼 생각해

봐도 '태풍이 불어 끊어지면……', '비행기가 지나가다 줄을 건드리면……' 등등 실 한 가닥에 매달린 개미처럼 위험천만한 아이디어이다.

그런데 이 아이디어가 제시될 당시 가장 큰 문제는 우주엘리베이터를 연결하는 케이블이었다. 강철로 케이블을 제작하면 자신의 무게를 견디기 위해 두께가 무려 수 킬로미터나 되어야 했다. 그 뒤에 발명된 합성섬유인 케블라(방탄복 등을 만드는 질기고 가벼운 섬유)를 사용할 경우도 지나치게 두꺼워져 현실성이 없었다. 이런 가장 큰 문제점이 최근에 탄소 나노튜브가 발명되면서 순식간에 해결되는 모습이다. 강철보다 수백 배 강하면서도 무게는 수백분의 일밖에 되지 않는 그야말로 꿈의 신소재인 것이다. 그래서 지금은 여러 나라에서 이 우주엘리베이터를 본격적으로 연구하고 있다. 이제 가까운 미래에 여러분은 공상과학소설의 한 장면이 현실화되는 모습을 볼 수 있을 것 같다.

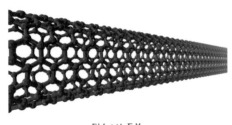

탄소 나노튜브

하지만 가장 큰 문제만 해결되었을 뿐 나머지 문제들이 셀 수 없이 많다. '비행기가 지나가다 날개로 줄을 정말 끊어버리면' 어떻게 할 것인가? 수많은 문제점 중 우리가 직관적으로 이해할 수 있는 몇 가지만 제시해보자.

먼저 케이블이 끊어지는 문제이다. 비행기가 케이블이 있는 곳을 지나가겠다고 하면 항로를 변경하도록 알려주거나, 비행 금지구역을 설정하면 된다. 하지만 미리 알려줘도 콧방귀도 뀌지 않고 제 갈 길을 가는 것들, 바로 우주공간에 광범위하게 투척되어 있는 우주쓰레기나 별똥별 등과의 충돌은 통제할 수 있는 방법이 없다. 또 서서히 케이블을 부식시키거나 손상을 줄 수 있는 대기 중 산소와의 화학반응, 우주에서 날아오는 고에너지 입자들과의 반응도 고려해야 한다.

케이블이 어찌어찌 해결이 된다 해도 남아 있는 문제들이 산더미 같다. 우주여행에서 반드시 갖춰야 할 탑승객의 안전에 관한 사항이다. 그중 한 가지는 태양에서 방출되는 태양풍과 고에너지 입자, 방사선이다. 엘리베이터는 빠른 속도로 올라가다가 대기권을 벗어나게 된다. 그리고 지구를 우주의 방사선으로부터 막아주는 밴앨런대를 서너 시간 동안 통과한다. 로켓을 발사할 때도 밴앨런대를 통과하는 과정에서 방사선에 노출되지 않도록 궤도를 수정하거나 최대한 빠르게 지나갈 수 있도록 고려한다. 국제우주정거장도 하루에 다섯 번 밴앨런대를 통과하는데 한 번 통과할 때 23분 정도를 머문다고 한다. 하루에 방사선에 노출되는 양의 절반이 이때 노출된다고 하니 어쨌든 위험한 지역임에 틀림없다.

이론상 방사선으로부터 보호하기 위해서는 물이나 자성물질로 꼼꼼하게 감싸면 된다. 단순히 생각해 자석타일로 둘러싸인 수영장에 엘리베이터를 빠트리고 수영장을 올리면 되는 것이다. 하지만 이런 말도 안 되는 우스꽝스러운 해결 방법보다는 현실적이고 기술적인 대안이 필요하다.

케이블이 건설되고 엘리베이터가 고에너지 입자나 방사선에 안전하게 보호된다고 해도 여전히 안심할 수 없다. 만들어놓고 나서 심각한 고장이 생기는 경우다. 사실 로켓이 고장 나는 것보다는 조금 시간적인 여유가 있어 보인다. 로켓은 어찌할 방도가 없이 순식간에 폭발해 화장당하지만 우주엘리베이터는 구조대가 올 때까지 우주공간에 갇혀 있게 된다. 최악의 경우는 생각하기도 싫지만 지구로 떨어질 수 있고, 끊어진 케이블 위에 엘리베이터가 붙어 있다면 드넓은 우주로 날아갈 것이다. 돌리던 실이 끊어져 실 끝에 매달린 개미가 돌멩이와 함께 던져지듯이 우주공간으로 삶이 다할 때까지 자유여행을 하는 것이다.

결국 이러한 고장에 대비하는 비상탈출장치가 필요해 보인다. 그래도 안심이 되는 것은 우주엘리베이터를 연구하는 엔지니어들이 "로켓, 비행기, 자동차 사고보다 여유가 있어서 구조에 많은 선택이 있다"고 말했다는 점이다. 죽음이 코앞에 닥쳤는데 '여유' 있게 구조할 수 있는 방법을 연구 중이라니 이걸 믿어야 하나 싶다.

이 분야의 최고 연구자인 에드워즈 박사에 따르면 달까지 우주엘리베이터를 건설하는 것도 가능하며, 좀 더 먼 미래에는 화성까지도 엘리베이터를 건설할 계획을 세우고 있다. 달은 지구보다 자전속력이 느려 정지궤도가 멀고 그에 따라 우주엘리베이터의 균형추를 멀리 설치해야 한다. 그래서 지구

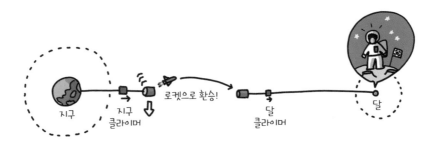

달까지 우주엘리베이터를 타고 가는 방법

의 우주엘리베이터의 끝인 펜트하우스 스테이션과 달의 펜트하우스 스테이션 사이의 거리를 수천 킬로미터 정도로 가깝게 설계할 수 있다. 다만 지구는 빠르게 자전을 하기 때문에 엘리베이터의 케이블이 직접 연결되진 못하며, 지구 엘리베이터 끝에서 달 엘리베이터 끝까지는 우주선으로 날아가야 한다. 상대적인 속도 차이로 도킹하는 것이 쉽진 않겠지만 성공한다면 우주엘리베이터를 통해 달로 내려가서 좀 더 쉽게 달 여행을 하게 되는 것이다.

아직 해결해야 할 과제가 많지만 적어도 지금까지는 우주엘리베이터가 우주를 여행하는 가장 경제적이며 현실적인 방법으로 주목받고 있다. 이제 엘리베이터의 유리창으로 푸른 하늘이 서서히 검게 변하는 것을 보며 스테이크를 썰고, 암스트롱이 달에 처음 남긴 인류 최초의 발자국을 볼 수 있는 여행 상품을 구매할 날도 머지않았다. 또 더 먼 우주로 나아가기 위해 우주 터미널에서 설레는 마음으로 명왕성행 우주선을 탑승해 창문으로 멀어지는 지구의 모습을 보며 흥분할지도 모른다.

우주의 '검은 하늘'을 보고야 말겠다

우주는 어디서부터일까?

동아리 학생들과 우주에 관한 책을 읽고 토론을 하는 과정에서 한 학생이 물었다.

"우주는 어디부터인가요?"

녀석들은 이런저런 논리로 우주의 시작점을 이야기하다가 한 시간 뒤 자기들끼리 결론을 냈다.

"하늘이 까매지는 곳부터 우주다!"

우주풍선 프로젝트 정예 멤버 A, B, C 군

그게 어느 높이일까? 단순한 궁금증에서 출발한 일은 어느새 거대한 프로젝트가 되어버렸다. 풍선을 날려서 언제부터 까매지는지 알아보는 거야! 그렇게 '우주풍선 프로젝트'가 시작되었다. 그리고 세 명의 정예 멤버가 모였다. 이들이 바로 A, B, C 군이다.

우주풍선을 설계하다

A는 처음부터 아주 적극적이었다. 풍선과 낙하산을 준비하고 실험을 계획했다. B는 옆에서 거들었다. 물론 B는 아주 큰 도움이 되는 녀석은 아니다. C는 큰일을 했다. 아이스크림케이크를 사서 혼자 다 먹고는 스티로폼박스만 내놓았다. 이렇게 A가 준비한 풍선과 낙하산, C가 먹고 남은 박스로 프로젝트가 시작되었다.

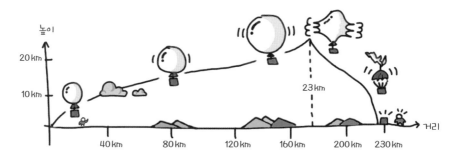

헬륨 풍선에 카메라를 넣어 띄워 우주의 검은 하늘을 촬영하는
우주풍선 프로젝트, 땅으로 떨어지면 주워서 촬영된 화면을 관찰한다.

검은 하늘을 촬영할 장비로는 휴대폰을 사용하기로 했다. 개통한 휴대폰을 넣어서 날리면 성층권까지 올라가는 모습을 촬영할 수 있고 땅으로 떨어지면 전화를 걸거나 위치추적을 통해 찾을 수 있다. 또 얼마나 높이 올라갔는지 알기 위해 고도 센서를 부착하고 온도도 같이 측정하기로 했다. 이왕올리는 김에 한창 문제가 되고 있는 미세먼지도 측정하고자 미세먼지 센서도 같이 설치했다. 이들 센서는 아두이노(Arduino)라는 소형 컴퓨터로 모아져서 따로 저장장치에 저장된다.

1200g
기상관측용 풍선

낙하산

뚜껑
스티로폼 상자

가스주입 건
47ℓ 헬륨 가스

옵션
액션캠

휴대폰 보조배터리

케이블타이

청테이프

센서들
아두이노
옵션 배터리

우주풍선 프로젝트 준비물

휴대폰과 센서, 아두이노가 성층권 환경에 견딜 수 있는지 저온, 저기압에서 작동 테스트를 진행했다. 먼저 급식실의 커다란 냉동고에 넣어서 영하 20도(성층권의 최저기온은 영하 50도지만 공기 밀도가 낮아 체감온도는 훨씬 높다)까지 냉각시킨 상태로 작동 여부를 확인했고, 초코파이를 부풀리는 감압장치에 넣어서 20분의 1 기압에서 이상 여부도 확인했다. 생각보다 휴대폰의 내구성은 좋았다.

마지막으로 센서들을 연결하고 상자의 균형을 맞춰 학교 옥상에서 낙하산과 연결해 낙하 실험을 했다. 안전하게 낙하산이 펴졌고 이제 바람과 날씨를 고려해 띄울 날짜만 정하면 되었다.

날릴 준비를 하다

나와 A는 GPS를 테스트하고 있다. 학교에서 집으로 가고, 집에서 마트로

갔다가 다시 집으로 오는 A의 경로가 모두 내 휴대폰에 잡힌다. B는 기상 상황을 점검해 상층대기의 풍속과 날씨를 점검했다. 기상청 정보에서 상층부의 예상 풍속을 알아보고 띄울 날짜와 시간대를 정하기로 했다. 나는 매일 B에게서 풍향과 풍속 보고를 받았다. 어느 날은 녀석이 헐레벌떡 뛰어와서 이렇게 말했다.

"이번 주에는 모두 남서풍이라서 날리기 좋을 것 같습니다. 풍속도 빠르지 않아서 2m/s밖에 안 됩니다."

남서풍이면 딱 북한으로 날아간다. 그리고 창밖에는 태극기가 2m/s의 바람에 성가시게 펄럭이고 있었다. 2m/s의 풍속은 B의 앞머리에 가린 여드름이 보일 정도의 바람이다. 풍선을 날리기에는 제법 강한 바람인 것이다. C는 무얼 하는지 통 보이지 않는다. C에게는 사전 낙하 연습과 센서 부착을 담당하게 했다. 상자에 구멍을 뚫어 센서를 끼우고 핫팩을 구해 오라고 했는데도 통 보이지 않는다. 얼마 후 편의점 근처를 서성이는 모습이 관찰되었다고 지나가던 소식통이 알려주었다. 다음 날 C는 핫팩을 구해 왔다. 놀란 내 모습을 보고 C가 말했다.

"편의점에서 팔고 있는 핫바 안에 핫팩이 있더라구요."

핫팩을 얻기 위해 핫바를 먹었는지, 핫바를 먹었는데 핫팩이 있었는지는 구분하기 어려웠다.

드디어 날린다

토요일 아침, 운동장에 헬륨 가스를 실은 트럭이 도착했다. A와 나는 전날 밤 헬륨을 얼마나 넣어야 할지 중력과 부력에 관해 몇 가지 계산을 했다. 그런 다음 최대한 많이 넣기로 결론을 냈다.

헬륨을 적게 넣으면 부력이 작아 천천히 올라가고, 풍선이 터질 만큼 부풀어 오르려면 오랜 시간이 걸린다. 따라서 고도가 높은 곳에서 풍선이 터진다. 반면 헬륨을 빵빵하게 넣으면 부력이 커 빠르게 상승하지만, 이미 풍선이 부풀어 있으므로 상대적으로 낮은 고도에서 터지게 된다. 그리고 높은 고도에서 터지면 상층기류의 영향을 많이 받아 멀리 날아가고, 낮은 고도에서 터지면 상대적으로 가까운 곳에 떨어진다.

높이 올리겠다고 욕심을 내서 헬륨을 적게 넣었다가 북한으로 날아가거나 동해 바다에 떨어지면 회수가 불가능하다. 우리는 안전하게 낮은 고도에

문제의 장면

서 터지도록 하기 위해 풍선에 헬륨을 가득 넣었다. 그리고 풍선의 부력을 비교하기 위해 상자와 비슷한 무게의 추를 달아 부력을 측정하고 풍선을 꼼꼼히 묶었다. C가 풍선과 낙하산, 상자를 연결하고 A와 나는 마지막으로 센서를 점검하고 휴대폰 동영상 녹화를 시작했다. B는 풍선을 잡고 날아가지 못하도록 했다.

이제 날리는 일만 남았다. B가 기념

촬영을 해야 한다며 주머니에서 휴대폰을 꺼냈다. C도 휴대폰을 꺼냈다. 서로가 풍선을 잡고 있을 거라고 믿고 둘 다 풍선을 놓는 순간 후루룩하고 풍선이 빠른 속도로 치솟았다.

풍선이 하늘로 날아가서 시야에서 사라지자 우리는 일제히 B를 째려봤다. B는 여전히 휴대폰으로 안 보이는 풍선을 계속 찍고 있다. 우리의 싸늘한 시선을 의식했으리라. 기념촬영도 없이 풍선은 이렇게 날아가고 말았다.

몇 시간 후 일어날 일을 예상치 못한 우리는 일단 허기를 채우기 위해 학교 앞 중국음식점으로 향했다.

떨어진 곳이 어디야?

풍선을 찾으러 가는 경로

시작은 좋았다. 차에 탄 녀석들은 위치추적 화면을 통해 풍선이 북한으로 날아가지 않고 동쪽으로만 얌전히 날아가는 것을 보며 안도했다. 그리고 몇 분 후 풍선의 위치는 지도에서 사라졌다. 휴대폰의 기지국 고도 범위를 벗어난 것이다. 할 일이 없어진 녀석들은 짜장면의 식곤증으로 일제히 숙면을 취하셨다.

한 시간 남짓 지났을까? 덜컹거리는 승차감에 짜증을 내면서 B와 C가 깨어났다. A는 때마침 위치추적 화면을 켜고 풍선의 위치를 알아보더니 갑자기 크게 소리쳤다.

"어, 나타났어욧!"

"어디야!"

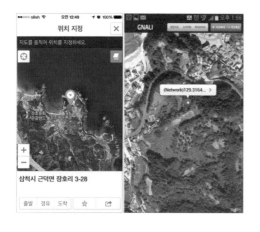

나머지 세 명도 일제히 소리쳤다.

"주소가…… 강원도 삼척시……."

"삼척!"

"삼척이 어디야?"

"어, 바다다!"

위치추적을 하던 A의 휴대폰 지도에 바다가 보였다. 바다라면 동해 바다? 삼척의 위치가 현실화되었다. 바다로 빠지면 어선을 빌려야 하나. 순간 여러 생각이 들었는데 다행히도 풍선은 해안선을 따라 남쪽으로 내려가기 시작했다. 그리고 어느 어촌 마을 야산에서 신호가 멈췄고 얼마 지나지 않아 신호는 꺼졌다. 위치추적 시간이 만료되었기 때문이다.

"떨어진 것 같아."

"산속이야."

차는 이제 막 대관령을 지나고 있었다.

우리는 그 녀석을 찾고 있다

삼척이라니. 경기도의 학교를 다니고 있는 우리에게는 생소한 지역이었다. 평생 가볼 것 같지 않은 동해안 끝. 어느덧 우리가 탄 차는 동해 시내를 지났다. 4시간을 달려온 고속도로는 끝이 나고 구불구불한 지방도로로 연결되었다. 삼척 시내를 지나 한참을 내달리더니 이제 경북 울진에 더 가까운 삼척의 한 어촌 마을에 들어섰다.

"이 근처 같은데요?"

휴대폰의 위치추적을 담당하고 있는 A가 적막만 흐르는 차 안에서 나지막이 말했다. 아직도 B와 C는 뒷자리에서 신경질적으로 코를 골고 있었다. '삼척'의 충격이 그들을 다시 피곤으로 몰았으리라.

얼마 뒤 모두 잠에서 깨어 창밖을 바라보고 있는데 위치추적 지도에서 봤던 익숙한 마을 회관과 항구가 보였다. 조금만 더 가면 상자가 떨어진 곳이 있다.

4시간 전 학교 운동장에서 띄워 성층권까지 올라갔다가 우주의 검은 하늘을 촬영하고 삼척의 한 야산 중턱 어딘가로 떨어진 스티로폼 상자. 우리는 산속에서 묵묵히 신호를 보내는 그 녀석을 찾고 있다.

"여기다!"

한가하고 평화로운 작은 어촌 마을 회관에 차를 세웠다. 건장한 고등학생 3명을 포함해 남자 다섯이서 쏟아지듯 차에서 뛰쳐나와 손가락으로 일제히 한 방향을 가리키며 100미터 달리기를 하듯 산으로 뛰어 올라갔다.

낮은 언덕이 연달아 이어지는 산 중턱 갈림길에서 지도를 다시 켰다. 그러고는 왼쪽과 오른쪽 두 편으로 갈라 미리 챙겨 온 무전기를 나눠 갖고 숲을 가로질러 목적지를 향해 걸었다. 마지막 신호가 잡힌 위치를 찾고 있지만 GPS는 10미터 이상 오차가 있기에 좀 더 넓은 영역을 찾아보아야 한다. 풍선은 흰색이고 낙하산은 붉은색, 박스는 하얀 스티로폼이다. 하지만 근처는 짙푸른 녹음으로 가득했고 벌레 소리만 요란하게 울렸다. 게다가 두 팀은 한 장소에서 만났다.

"전화를 걸어볼게요."

A가 말했다.

전화벨 소리가 벌레 소리들을 무찌르고 이 숲에 우렁차게 울려 퍼지길 바라며 잠시 숨을 죽여본다. 순간 자연의 소리들 틈에서 희미하게 친숙한

기계음이 들린다. 이런 사태에 대비해서 휴대폰의 벨소리 볼륨을 최대로 해놓았건만 소리는 아주 작다. 꼼꼼하게 상자를 밀봉한 A 녀석 덕분이다.

모두들 두리번거린다. 소리의 방향을 찾기 위해서다.

이리저리 움직이던 B가 뭔가를 눈치챘는지 산 둔덕으로 재빨리 올라간다. 하지만 다들 알고 있다. B의 감이

아주 떨어진다는 것을.

"바닥에 떨어진 게 아닐까요?"

A의 말에 모두 바닥을 보기 시작했다. 그리고 몇 분 후, 금방 부러진 것으로 보이는 흰색의 속살을 드러낸 나뭇가지를 찾았다. 그리고 숨죽여 다시 전화를 걸었다.

"들린닷!"

모두가 동시에 외쳤다.

그러고는 바닥을 가득 채운 수풀더미를 뒤지고 있는데 잠에서 덜 깬 듯한 눈을 가진 C 녀석이 무언가를 밟고 있다. 순간 C도 느낌이 불쾌했는지 외마디 짜증 섞인 소리를 내면

서 그것을 잡아당긴다. 그러자 찢어진 흰색 풍선이 보이더니 연결된 낙하산이 튀어나오고 그토록 찾고 싶어 했던 스티로폼 상자가 못 이기듯 풀숲에서 끌려 나온다.

"찾았다!"

학교에서 짜장면을 남김없이 먹고 차 안에서 숙면을 취하다가, 우리가 '삼척'이라고 외쳤을 때도 별 반응이 없던 C. 애써 찾으려 하지 않았는데도 마침 녀석의 발밑에 고맙게 깔려 있어주었던 풍선. 발견의 영예는 C에게로 돌아갔다.

한 번 더 날리자!

C는 발밑에 깔린 풍선을 잡아당겨 낙하산과 스티로폼 상자를 풀숲에서 꺼냈다. A는 상자를 열어 휴대폰을 확인했다. 녹화된 화면을 보면서 A가 쾌재를 불렀다. 녹화가 잘 되어 있었다. 데이터도 문제없이 저장되었다.

성공이다.

녀석들은 신이 났다. 나 역시 흥분된 마음으로 산에서 내려와 저녁을 먹기로 했다. 그동안 수고한 녀석들이 대견해 보여 저녁을 먹이려고 했는데 어촌 마을이라 보이는 게 횟집밖에 없었다.

"들어가자."

회가 비싸 봤자 시골 횟집인데 얼마나 가겠어.

"양식은 없구요. 모두 자연산이죠. 15만 원 주세요."

녀석들은 이미 자리를 잡고 앉아서 물까지 나눠 마시고 반찬으로 나온 당근까지 씹고 있었다. 비싸다고 다시 나올 수 없는 상황이 되어버린 것이다. 금쪽같은 '자연산' 회가 나왔다. 젓가락들이 일제히 달려들어 순식간에

우주의 검은 하늘을 촬영했다.

한 접시가 사라졌다. 내가 어렵사리 젓가락 경쟁을 통해 입에 넣은 '자연산' 회 한 조각이 채 씹히기도 전에 벌어진 일이었다.

　C 녀석은 회를 안 먹어본 지 10년은 족히 되어 보였다. 점심때 짜장면 곱빼기를 먹은 게 믿어지지 않을 속도였다.

　다음 날 우리는 다시 모였다.

　녹화된 영상을 본 B는 '하늘은 검은데 왜 별이 보이지 않느냐'며 '실험이 실패한 게 아니냐', '한 번 더 날리자'고 야심차게 제안했다. 모두들 B의 등판을 있는 힘을 다해 내리쳤다.*

　풍선은 25킬로미터까지 올라갔고 20킬로미터 부근부터 시작된 어슴푸레한 검은 우주 사진을 촬영하고 장렬히 끝을 맺었다. 온도는 영하 40도까지 내려갔으며 공기의 기압은 지표면의 50분의 1이었다.

---

* A는 1년 후 이 프로젝트를 이끈 경험으로 자기소개서를 멋지게 써서 근처 대학의 대기기상학과에 합격했다. 모두들 성적에 비해 대박이라고 축하해주었다. 몇 달 전 군대에 간다고 찾아왔는데 녀석을 볼 때마다 삼척 생각이 나서 입꼬리가 올라간다. B도 역시 이 프로젝트에서 연마한 아두이노 프로그래밍에 재미를 붙였는지 전자공학과에 진학했다. C도 뒤늦게 공부에 흥미를 붙여 공대에 진학했는데 적성과 맞지 않는다면서 입영지원서를 넣었다. 녀석의 근황에 정통한 소식통에 의하면 취사병으로 근무한다고 한다. 참으로 일관성 있는 녀석이다.

2

우주에서 생활하기

이제 우주로 나왔으니 본격적으로 명왕성을 향해 가는 일이 남았다.

일찍이 명왕성을 탐사한 뉴허라이즌스호는 2006년 1월에 발사되어

2015년 7월에 명왕성 근처에 도착했으니 9년이 넘게 걸린 우주여행을 했다.

유인우주선은 이보다 더 오래 걸릴 것으로 생각된다.

식량과 연료, 여러 가지 편의시설들을 실어 무거워지기 때문이다.

이렇게 긴 시간 동안 우주에 있으려면 여러 가지 고려해야 할 것들이 많다.

이번 장은 명왕성까지 가는 동안 우주에서 생활하는 이야기이다.

우주에서
내 집처럼 지내기

●

　　　　　하루 일과를 마치고 집에 돌아오면 안락한 소파와 침대 그리고 따뜻한 음식이 기다리고 있다. 샤워 뒤에 갈아입을 편안한 옷이나 약간의 즐길 거리(TV, 게임 등)도 준비되어 있다. 내 집은 이처럼 일상을 누리기에 부족함이 없다. 우주에서 지내는 동안에도 이렇게 내 집처럼 편안하게 지낼 수 있을까?

　비교적 짧은 시간 동안 우주정거장에서 지내는 우주인들은 수년간 내 집 같지 않은 우주 환경에 적응하기 위한 힘든 훈련을 한다. 물속으로 자신의 몸무게보다 서너 배나 더 무거운 우주복을 입고 들어가서 이리저리 거꾸로 걸어보기도 하고, 때론 50번이나 오르락내리락하는 비행기에서 구토를 해가며 우주 적응 훈련을 한다.

1978년 미국 최초의 우주왕복선 우주비행사로 선발되어 세 번의 우주비행 임무를 마친 마이크 멀레인(Mike Mullane)은 이 지독한 훈련에 대해 "다들 차라리 이 비행기가 바다에 추락해 모든 비극을 끝장내버리면 좋겠다고 기도한다"며 마이크로중력 훈련 과정이 적응하기 가장 힘든 훈련이라고 말하기도 했다.

우주 생활이, 편안한 내 집과 다른 점은 이뿐만이 아니다. 일과 후 집에 돌아와 하는 일을 생각해보면 기본적인 생활은 결국 먹고, 싸고, 씻고, 자는 것이다. 이 네 가지 활동이 모두 내 집처럼 편안치 않을 것이라는 것은 사실 예상이 좀 된다. 따뜻한 밥과 국 대신 바짝 건조시킨 음식에 물을 부어 먹고, 비데가 설치된 변기 대신 조준을 잘 해야 하는 민감한 우주 변기에다 대소변을 보아야 한다. 거센 물줄기로 하루의 피로를 날리는 샤워 대신 물수건 같은 스펀지로 대충 얼굴을 닦고 겨드랑이를 훔쳐야 하며, 편안한 침대와 이불 대신 벽에다 붙여놓은 침낭에 몸을 구겨 넣고 잠자리에 들어야 한다.

그런데 이 모든 불편한 생활은 사실 단 한 가지 이유로 발생한다. 우리가 집에서 편안함을 느끼는 것들은 중력 환경에 있기 때문이다. 아니 정확히 말해서 우리가 아주 먼 옛날부터 중력에 적응해 진화해왔기 때문이다. 이런 인간의 몸이 중력 효과가 아주 작게 나타나는 마이크로중력 환경에 적응하지 못하고 불편해하는 것은 어찌 보면 당연한 것이다. 만약 중력이 없는 환경에서 진화했다면 인류는 무중력 상태에서도 굉장히 편하게 대소변을 볼 수 있었을 것이다.

첫 번째,
바닥에 발 붙이고 살기

●

우주비행사들은 비행기보다 훨씬 비좁은 좌석을 가진 로켓을 타고 올라가, 내 집과는 비교도 할 수 없는 불편함을 감수해가며 생활한다. 그런데 SF 영화에서 보면 우주여행은 참 한가롭다. 모여서 의자에 앉아 회의도 하고, 접시에 담긴 갓 요리된 식사를 하고, 유리잔에 오렌지주스도 따라 마신다. 마치 지구에서의 내 집처럼 우주선에서 모든 것이 가능하다. 현실과 영화는 왜 이렇게 다를까?

실제 우주 생활

영화 속 우주 생활

우리의 종착지인 명왕성까지 최소 10년이 걸린 것을 생각해보면 장거리 우주여행을 위해서 이 문제는 반드시 해결해야 한다. 바닥을 밟지 못하고 둥둥 떠다니며, 건조된 맛없는 음식을 먹고, 좁은 구석에서 웅크려 잠을 자는 생활을 1년 정도만 해도 아마 극도의 스트레스를 경험하게 될 것이다.

「2001 스페이스 오디세이」에 제시된 인공중력

무엇보다 비행기가 한없이 오르락내리락하는 구토 유발 증세를 10년 동안 느낀다면 정말 죽는 게 나을 거라고 기도하게 될지도 모른다. 그래서 과학자들은 인공으로 중력을 만드는 방법을 꾸준히 연구해왔다.

우주개발의 역사를 돌이켜보면 공상과학소설에서 아이디어를 얻은 경우도 있다. 인공중력도 마찬가지로 소설에서 먼저 등장한다. SF 작가 아서 클라크의 소설을 원작으로 한 영화 「2001 스페이스 오디세이」에서 동체가 서서히 회전하면서 중력이 만들어지는 장면은 원심력에 의해 인공중력을 만드는 많은 아이디어를 파생시켰다. 영화 「인터스텔라」, 「마션」 등 우주에서 장거리 여행을 해야 하는 영화들은 예외 없이 우주선의 동체를 회전시켜가며 인공중력을 만들었다.

「마션」의 헤르메스호

「인터스텔라」의 인듀어런스호

양동이에 물을 담고 줄로 연결해서 위아래로 빙빙 돌리면 양동이에 담긴 물은 쏟아지지 않는다. 이처럼 회전운동을 하면 관성에 의해 회전중심 바깥쪽으로 가상의 힘이 생기는데 이것을 원심력이라고 부른다. 그래서 우주선이 회전하면 원심력에 의해 인공중력이 발생하는 것이다. 1966년 미국의 우주선 제미니 11호는 이와 같은 방법으로 최초로 인공중력을 만들어냈다. 작은 상자에 카메라를 달고 36미터 끈으로 묶어서 돌렸는데 상자에 있는 물체가 바닥 쪽으로 움직이는 것이 관찰된 것이다. 이때 만들어진 인공중력은 지구에서의 0.0005배 정도 되었다고 한다. 그도 그럴 것이 1분에 고작 0.15번 회전을 했다니 이건 돌린 것도 아니다.

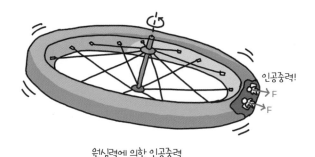

원심력에 의한 인공중력

이처럼 회전으로 인한 인공중력은 원리가 간단하지만 몇 가지 문제점이 있다. 가장 큰 문제점은 빠르게 회전하는 거대한 구조물을 만들어야 한다는 것이다. 제미니 11호가 실험한, 반지름이 36미터인 회전체 안에 지구와 같은 중력을 만들기 위해서는 분당 6번을 회전시켜야 한다. 분당 대여섯 번의 회전수는 인간이 쾌적함을 누리기에는 아무래도 빠른 속력이다. 회전수를 늦추기 위해서는 우주선이 좀 더 커야 하는데 적어도 1킬로미터 정도는 되어야 분당 1회전 정도로 편안하게 회전을 지켜볼 수 있다.

　더 큰 문제는 반지름에 따라 중력이 달라져서 바닥과 머리의 중력이 차이가 난다는 점이다. 지구는 반지름이 6400킬로미터 정도이므로 사람의 키인 2미터 정도의 차이는 무시할 만큼이지만, 반지름이 100미터 정도의 우주선이라면 2미터 차이는 꽤 크다. 가만히 서 있으면 누군가 머리를 위로 잡아당기고, 발을 아래로 잡아당겨 내 몸이 위아래로 늘어지는 고통스런 느낌을 받을 것이다.

인공중력을 만들기 위해 회전하는
버섯 모양의 우주정거장

　미국의 민간 기업 USS(United Space Structures)에서는 이런 문제에 대한 실험을 계획하고 있다. 회전하는 우주정거장을 만드는 것이다. 국제우주정거장보다 수백만 배 큰 버섯 모양의 우주정거장인데 분당 네 번 남짓 회전하면서 인공중력을 만든다고 한다. 여기서는 벽을 발로 딛고 생활하는 게 가능하다고 하며, 버섯 모양의 돔 부분은 회전하지 않아 우주선과 도킹하는 장소로 쓰인다고 한다. 건설비용도 만만치 않아 30년에 걸쳐서 320조 원을 투자하는 계획이라고 한다. 거의 우리나라 1년 예산과 맞먹는 어마어마한 돈이다. 그런데 엄청난 돈을 들이는 것에 비해 꽤 멋이 없다. SF 영화의 컴퓨터그래픽 디자이너를 채용할 필요가 있어 보인다.

회전하는 것 말고도 인공중력을 만드는 방법이 있다. 역시 관성을 이용하는 것이다. 버스가 갑자기 급하게 출발하면 몸이 뒤로 쏠린다. 버스가 엄청난 가속도로 앞으로 나아가면 몸이 더욱 뒤로 쏠리면서 결국 버스 뒷면 유리창을 밟고 서 있어도 바닥으로 떨어지지 않게 된다. 그러니까 버스가 엄청난 가속도로 계속 빨라지면 관성에 의해 인공중력이 만들어지는 것이다. 이렇게 우주여행을 하다가 중간쯤 왔을 때 갑자기 감속하면 급정지하는 버스처럼 몸이 앞으로 쏠리게 된다. 실제로 버스에서 이런 일이 일어나면 아마도 버스 안은 난장판으로 변할 것이다.

버스가 급출발하면 몸이 뒤로 쏠린다. 버스가 아주 빠르게 가속하면
뒤쪽으로 중력이 작용하는 것처럼 느껴진다.

이렇게 진행하는 반대 방향으로 강하게 감속하면 이번엔 그쪽으로 인공중력이 만들어진다. 이를 선형 인공중력이라고 하는데 이 방법으로 화성까지 5일이면 도착한다고 하니 무시무시한 속도로 질주하는 것임에는 틀림없다. 당연히 엄청난 연료가 들 것이다. 상대성 이론을 고려하면 속력이 빨라질수록 질량이 늘어나므로 연료의 양도 천문학적으로 늘어나 특단의 해결

책이 제시되지 않는 한 가까운 미래에는 볼 수 없을지도 모르겠다. 게다가 이 우주선을 타면 시간이 느리게 흘러서 여행 후에는 친구들보다 약간 젊어진 자신의 모습을 볼 수 있을 것이다. 이른바 '회춘 여행 상품'이 될 가능성이 크다.

이외에도 자기장을 이용한 인공중력 생성 등이 연구되고 있는데 애꿎은 개구리만 자기장에 가두어 공중 부양 시키는 실험만 지속적으로 진행하고 있다.

두 번째,
숨 쉬고 물 마시기

●

1930년 비행사 윌리 포스트(Wiley H. Post)는 누구보다 높이 그리고 빠르게 날고 싶어 했다. 그의 이런 집착은 비행기 안에서 입을 옷을 스스로 개발하기에 이르렀는데, 여러 번에 걸친 그의 시행착오와 노력은 놀랍게도 고스란히 현대 우주복의 시초가 되었다.

높이 올라가면 기압이 낮아져서 밀폐된 옷의 필요성을 느끼고 있던 포스트는 단단한 직물로 된 최초의 비행복을 만들어 숨을 쉴 수 있도록 그 속을 공기로 가득 채웠다. 그러나 얼마 올라가지도 못하고 옷이 풍선처럼 빵빵하게 부풀어 오르는 바람에 도무지 조종을 할 수가 없었다. 그래서 이번에는 부풀지 않도록 깁스처럼 단단한 틀을 만들어서 앉아 있는 자세로 의자에 고정시켰다. 그런 다음 몸을 집어넣고 단단한 헬멧도 쓰고 비행을 했는데 옷은 부풀지 않았지만 팔다리를 움직일 수 없어 조종하는 게 여간 불편한 것이 아니었다. 결국 여러 번의 시행착오를 거듭한 끝에 산소의 농도를 높인 공기를 넣으면 적은 양으로도 숨 쉬는 데 불편하지 않으면서 비행복이 크게 부풀지 않는다는 것을 알게 되었다. 이로써 휴대용 산소통과 팔다리의 관절에 경첩이 달려 움직이기 편리하게 설계된 현대 우주복의 틀을 갖춘 비행복을 발명하게 된다.

윌리 포스트가 만든 비행복

포스트 덕택에 일정량의 산소만 필요한 것을 알게 된 뒤로 우주여행에는 산소만 가지고 가면 되었다. 그 뒤 아폴로 1호는 순수한 산소만 채운 채 훈련을 했다. 그런데 그만 선내에서 화재가 발생해 순식간에 세 명의 우주비행사가 사망하는 사고가 발생한다. 순수한 산소는 화재의 위험이 있다는 것을 간과한 것이었다. 이 사고 이후 우주복과 로켓에는 산소에 질소를 섞어서 주입하게 되었는데 질소는 화재가 빨리 번지는 것을 막고 좀 더 편하게 호흡할 수 있도록 돕는 역할을 하였다.

지구에서 산소를 채워 간다 하더라도 우주비행사들이 호흡을 하는 동안은 산소가 계속 줄어들게 된다. 그래서 따로 산소와 질소를 챙겨 가는데 이것만으로 해결되는 것이 아니었다. 호흡하면서 생기는 이산화탄소가 문제였다. 이산화탄소는 우리가 숨을 쉴 때 날숨으로 나오게 되는 기체로 지구에서는 식물이 광합성 등으로 이산화탄소를 소비하지만 우주에서는 이산화탄소를 직접 제거해주어야 한다. 이산화탄소의 농도가 높아지면 승무원의 생명을 위협하기 때문이다. 우주에서는 이산화탄소를 제거하기 위해 리튬 수산화물을 사용한다. 이 화학물질 여과물은 정수기 필터처럼 주기적으로 갈아주어야 하는데 우주정거장을 방문하는 우주선이 올 때 교체된다.

이후 우주정거장에 머무는 사람들이 많아져 재활용의 필요성이 높아지

우주정거장의 이산화탄소 흡착판 교체

면서 제올라이트(zeolite)라는 물질을 이용한 새로운 이산화탄소 제거 방법이 사용되었다. 우주정거장은 무중력 상태이므로 공기가 대류하지 않아 인공적으로 공기를 돌려주어야 하는데 환풍구에 제올라이트로 된 판을 놓으면 공기가 통과하면서 이산화탄소가 달라붙게 된다. 이렇게 제올라이트에 이산화탄소가 모두 달라붙어 더 이상 붙을 공간이 없으면 환기를 멈추고 제올라이트를 가열하여 이산화탄소를 우주공간으로 방출한 후 재사용한다.

땀이나 혹은 씻을 때 나오는 수증기도 문제다. 수증기는 우주선 안의 전자제품에 악영향을 주기 때문에 바로 제거해야 한다. 그래서 우주선 안은 비교적 공기를 건조하게 유지하기 위해 제습기가 돌아간다. 이때 흡수한 수증기는 정수를 거쳐 식수로 활용되기도 한다. 옆 사람이 운동하면서 흘린 땀을 내가 마실 수도 있는 것이다. 물론 강하게 소독하기 때문에 땀 맛이 나진 않고 소독약 맛이 난다고 한다.

숨 쉬는 것이 해결되면 마실 물이 문제다. NASA에서는 우주비행사가 하루 소비하는 물의 양을 약 30리터로 제한한다. 우리나라 사람 한 명이 하루에 사용하는 물이 200리터 정도이니 우주에서는 평소보다 7분의 1 정도 적게 써야 하는 셈이다. 게다가 30리터에는 음식에 들어가고 씻는 것까지 포함되므로 마실 물은 많이 부족하다.

우주여행을 1년 동안 한다고 가정하고 승무원 포함 50명분의 물을 지구에서 가져가야 한다면, 이 양은 테니스 코트에 물을 2미터 높이로 채운 양과 같고 무게만 520톤이 넘는다. 우주왕복선으로도 20번이 넘게 실어 날라야 한다. 현재까지는 이 많은 양의 물을 재활용할 수가 없으므로 장기간의 우주여행은 물 때문에라도 가까운 미래에는 현실적이지 않다. 게다가 우리는 명왕성까지 최소 10년을 계획하고 있지 않은가?

중간에 주유를 하듯이 물을 공급 받을 수 있는 방법을 연구하는 학자들도 있다. 지구에 떨어진 운석을 분석해보면 그중 일부에서 물을 함유하고 있다는 것을 근거로 우주에서 식수를 만들어내는 것이다. 물론 스펀지에서 짜듯이 물이 주르륵 흘러내리는 정도는 아니지만 약간의 가능성을 희망 삼아 연구하는 이들의 노력은 눈물겨울 정도다. 그나마 위안이 되는 것은 태양계 위성 중 일부에는 얼음 형태의 물이 존재하며, 또 혜성의 핵 주변이 얼음으로 구성되어 있다는 점이다. 장거리 여행에서 잠시 위성이나 혜성에 착륙해 신선한 물을 공급 받고 더 먼 우주로 여행하는 모습을 연상하면 된다. 물론 이런 물을 곧바로 마시는 것은 매우 위험하다. 철저한 정수 과정을 거치는 것이 물을 발견하는 것만큼 중요하기 때문에 여러 가지로 물은 우주여행의 가장 큰 걸림돌이 될 게 분명하다.

세 번째,
바깥 구경하기와 외출하기

●

국제우주정거장에는 특별히 설계된 육각형의 창문(Cupola)이 있는데 우주비행사들은 쉬는 시간마다 이 창문에 모여들어 창밖으로 보이는 푸른 지구의 모습을 감상한다고 한다. 유리창에 얼마나 얼굴을 들이댔는지 쉬는 시간만 지나면 유리창이 지저분해져서 다시 닦아야 할 정도라고 하니 우주로 얼른 나가고픈 우주비행사들의 욕망이 어느 정도인지 이해가 된다. 물론 이 위험한 외출은 그리 간단하지 않다. 무거운 우주복을 입고 별도의 여러 기계장치를 매달고 나서야 하며 자칫 잘못하다가 생명줄인 케이블이 끊어지면 우주정거장을 몇 미터 앞에 두고 생을 마감해야 할 수도 있기 때문이다.

국제우주정거장의 육각형 창문

우주유영은 인류가 목표로 둔 가장 극적인 장면이었다. 1960년대 우주 개발 경쟁을 거듭하던 소련(지금의 러시아)과 미국은 인간을 우주공간으로 내보내는 데 혈안이 되어 있을 만큼 경쟁이 심했다. 1965년 3월, 소련의 우주선 보스호트 2호의 우주비행사 알렉세이 레오노프(Alexey Leonov)는 드디어 인류 최초로 5미터 금색 케이블을 매달고 우주로 내던져졌다. 최초의 우주유영에 성공한 것이다. 레오노프는 "인류가 이제 우주에 나섰다"며 준비한 명대사를 읊었고, 소련의 방송들은 이 역사적인 사건을 대대적으로 보도했다. 특히 미국을 의식해 축구 해설처럼 시시각각 상황을 중계해가며 전 세계를 흥분의 도가니로 몰아넣었다. 문제는 우주로 나가는 데만 신경을 쓴 나머지 우주유영 후 돌아오는 과정

레오노프와 보스호트 2호

을 신중히 고려하지 않은 데서 어처구니없는 일이 일어났다. 하마터면 최초의 우주유영은 비극으로 끝날 뻔했다.

레오노프가 돌아오려고 케이블을 당겨 우주선의 감압실로 들어서려는 순간 우주복이 너무나도 부풀어 있어서 도무지 감압실 입구를 통과하지 못했던 것이다. 우주복 안에 들어 있던 공기가 우주복을 거의 두 배 이상으로 부풀려놓았기 때문이다. 인류에게 명대사를 안긴 위대한 우주인은 입구로 들어가려고 애쓰느라 추가로 몇 분 동안 원치 않는 우주유영을 해야 했다. 다리 먼저 집어넣기, 머리부터 집어넣기, 몸을 접어 엉덩이부터 집어넣기 등 해볼 수 있는 동작은 다 시도했다고 하니 생각만 해도 마음이 짠하다. 초반 우쭐하고 당당했던 이 우주비행사는 감압실 앞에서 죽음의 문턱을 넘느라 얼마나 초조했을까? 결국 인위적으로 우주복의 공기를 거의 진공 수준으로 빼내고 나서야 안으로 들어올 수 있었고, 재빨리 응급처치를 받아 가까스로 생존했다고 한다. 이후에도 비극은 계속되었는데, 공기를 빼면서 갑자기 기압이 낮아지는 바람에 혈액 속의 질소가 부풀어 오르는 잠수병이

생겨서 내내 고통스런 우주여행을 했다고 한다.

　그의 불운은 지구 귀환 과정에서도 이어졌는데 대기권 진입 시 냉방장치가 고장으로 강제 작동하게 된 것이다. 게다가 우주선이 우랄산맥의 춥고 깊은 전나무 숲에 불시착했다. 추락 후 사흘 동안 조난 상태에서도 비좁은 캡슐 안 에어컨은 빵빵하게 작동되었으며, 소련의 라디오에서는 우주비행사가 무사 귀환 후 시원한 곳에서 휴가를 즐기고 있다는 보도까지 나오고 있었다고 한다. 간신히 귀환 우주선의 위치가 파악되고 나서도 헬리콥터 착륙장이 없어서 나무를 베어내고 착륙장을 만들기까지 이틀 밤을 냉골에서 지냈다고 하니, 인류 최초의 영예를 차지한 대가치곤 꽤 가혹한 편이다.

　우주유영을 하는 방법은 크게 세 가지가 있다. 로봇 팔에 몸을 고정시키고 유영하는 방법과 케이블을 이용하는 방법, 소형 기동장치를 이용해 이리저리 자유롭게 유영하는 방법이다. 현재까지 우주유영은 우주선 외부의 수리가 목적이었기 때문에 몸을 고정시키고 작업하는 게 유리하여 주로 로봇 팔을 이용한다. 기동장치를 이용해 질소 가스를 뿜어가며 소형 우주선을 조

로봇 팔 이용　　　　　안전 케이블 이용　　　　유인 기동장치 이용

종하듯 우주에서 자유롭게 움직이는 우주유영을 꿈꿨다면 실망할지도 모르겠다. 이러한 우주유영은 숙련된 우주비행사들도 매우 위험하다. 자칫 잘못했다가는 지구로 낙하하여 대기권에서 한 줄기 빛으로 산화하거나 멀리 우주로 영원히 날아가 버릴 수 있기 때문이다.

명왕성까지 가는 지루한 여행에 우주유영 옵션 투어가 있다면 아마도 기동장치를 이용하기보다 로봇 팔이나 안전 케이블이 될 가능성이 크다. 다리와 허리를 로봇 팔에 묶고 우주로 떠밀려 나가 버둥거리면서 우주를 체험하는 것이다. 앞서 인류 최초로 우주유영에 성공한 레오노프의 이야기를 들었던 여행객이라면 아마도 우주유영 옵션 투어는 시도하지 않을지도 모르겠다.

네 번째,
고장 나는 것들 수리하기
●

우주정거장의 우주인들은 우주에서 도대체 무엇을 하면서 지낼까? 우리는 그들이 멋진 과학 실험을 하고 쉬는 시간에는 동그랗게 뭉친 물을 빨대로 빨아 마시면서 지낼 것이라고 생각한다. 하지만 이들은 일과의 절반 이상을 우주정거장의 부품들을 교환하고 수리하는 데 소비한다. 실제로 만들어진 지 10년이 지나 노후한 러시아 우주정거장 미르에 방문했던 미국 우주인에 따르면, 러시아 우주인들 대부분은 굉장히 바쁘게 미르의 고장 난 부품을 수리하거나 마모된 부품을 교체하고 있었다고 한다. 우주정거장같이 우주에 가만히 있는 것도 이렇게 고칠 게 많은데 우주를 여행하는 우주선은 또 얼마나 수리할 게 많을까?

적어도 10년 이상을 우주에 있어야 하며, 동력장치까지 장착해야 하고, 사람이 편하게 생활하기 위해 필요한 수백 가지 편의장치까지 있어야 하는 '명왕성행' 우주선은 수시로 고장 날 것이 뻔하다. 게다가 우주정거장처럼 지구에서 주기적으로 부품이나 재료를 공급 받지 못하기 때문에 충분한 소모품과 부품, 그리고 별도의 수리실을 갖춰야 할 것이다.

예를 들어 우주선의 객실 냉장고가 고장 났다고 생각해보자. 새로운 냉장고로 교체하는 것은 상상도 못 할 일이고 분명 고쳐 써야 할 것이다. 냉장고의 부품 중 펌프가 고장 났는데 여분의 부품이 없다면 어떻게 할 것인가? 이러한 문제는 아주 일상적으로 일어날 수 있다. 지구에서야 AS센터에서 금방 교체해주지만 우주선에서는 때론 부품을 스스로 제작해야 할지도 모른다. 다행히 우주선에는 냉장고 펌프의 설계도가 있고 이 설계도를 3D프린터에 입력하면 고장 난 펌프의 부품이 만들어지게 된다. 이렇게 미래에는 부품들을 직접 제작할 수 있는 장치들이 고안될 것이다.

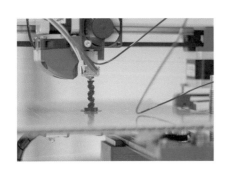

우주선에 필수로 포함되어야 하는 3D프린터

우주의 특별한 환경은 지구와 다르게 여러 물건들의 내구성을 떨어뜨리기도 한다. 화성을 배경으로 한 영화 「마션」과 「미션 투 마스」에서는 우주선에 구멍이 뚫리거나 우주복의 깨진 틈으로 공기가 새는 장면이 자주 나온다. 인간이 살아가는 데 반드시 필요한 공기를 일정한 압력으로 가둬둔 우주선에서 외부 충격으로 공기가 새어 나가는 것은 치명적인 사고이면서도 가장 쉽게 일어날 수 있는 위험 요소이다. 우주선이 압력 차이를 극복할 수 있도록 튼튼하게 설계되어야 하겠지만 기계는 한계가 있기 마련이다.

태양의 복사에너지로 인한 영향도 무시할 수 없다. 파리의 에펠탑이 여름에 높이가 10센티미터 이상 높아지듯이 금속으로 된 구조물은 온도 차이에 의해 쉽게 늘었다 줄었다 한다. 태양 쪽은 복사에너지로 표면이 뜨겁게 달궈지고 반대편 그늘 쪽은 차갑게 냉각되면서 우주선 동체의 뒤틀림이 발생한다. 이러한 뒤틀림이 반복되면 결국 우주선의 금속 구조물은 금세 피로해져 충격에 쉽게 부서질 수 있다.

지구의 중력과 우주선의 중력이 서로 다른 것도 문제다. 지구에서 만들어진 제품들은 마이크로중력 환경에서 제작되지 않았기 때문에 마이크로중력 환경에서 접촉하는 부분과 메커니즘(작용 원리)이 지구와는 달라 의외의 부분이 고장 나거나 쉽게 마모될 수 있다. 따라서 이 부분을 충분히 고려하여 설계하지 않은 것들은 내구성이 약할 수밖에 없다.

매일 타는 자동차도 2만 개의 부품들로 이루어져 있고 매년 교체해주어야 하는 소모품들이 있는데 이보다도 최소 수천 배 더 복잡하고 지구와는 비교할 수 없을 정도로 가혹한 환경에서 가동되는 우주선이 10년 동안 편안하게 아무 고장 없이 운행된다면 이게 더 이상할지도 모른다. 더군다나 카센터 같은 수리시설과 부품조달 시스템이 없이 스스로 DIY를 해야 한다면 고장과 수리는 우주여행의 숙명처럼 받아들여야 할 것이다.

다섯 번째,
날아오는 것들 막아내기

●

　　　　　　　　1989년, 태양흑점의 거대한 폭발로 태양에서 방출된 입자와 강력한 전자기파가 지구에 쏟아졌다. 이때 발생한 강력한 태양폭풍으로 캐나다에서 발전소 송전망이 파괴되어 9시간 동안 수백만 명이 정전 속에 떨어야 했다. 이렇게 태양이 쏟아낸 강한 전자기파는 지구의 통신장비에 문제를 일으키거나 그 세기가 강할 경우 전자장비를 파손시킬 수 있다. 미국항공우주국(NASA)은 태양폭풍이 다시 지구를 위협할 것이라며, 최근에는 무선통신 전자장비가 많아 더 큰 피해가 우려된다고 경고하기도 했다.

　우주공간이 아무것도 없는 무(無)의 공간이라는 것은 적절치 않은 표현이다. 이 공간은 태양풍이라는 고속열차가 지나가는 철로와 같다. 철로를 걸어 다니는 것이 위험하듯 태양빛이 비치는 우주공간도 좌우를 살피고 적절한 타이밍에 지나야 한다. 태양풍은 태양의 뜨거운 표면에서 방출된 고에너지 입자의 흐름을 말한다. 주로 양성자와 전자들이 튀어나오는데 이들이 자기장을 발생시키면서 주변 행성에 영향을 준다. 지구에는 대규모 전자기장의 교란을 일으키며 극지방에는 오로라가 생기게 한다. 우리가 탑승할 우주선에도 영향을 주는 것은 당연하다. 태양풍은 특별히 강하게 몰아칠 때가 있어서 지구의 자기권에 영향을 주어 자기폭풍을 일으키기도 하는데 주로 태양 표면의 흑점의 수와 관계된다. 그래서 미리 태양풍을 예보하는 시스템을 갖고 있기도 하다. 우리나라에서도 제주도에 우주전파센터를 운영하여 매시간 태양풍 입자의 밀도와 속도 변화를 확인하고 있다.

문제는 온갖 전자장비가 가득한 우리 명왕성행 우주선이 태양풍을 맞이하게 되는 경우다. 급격한 자기폭풍으로 인해 정전 사고가 발생하는 것처럼 우주선에 전원 공급이 차단되면 그야말로 총체적인 문제가 발생할 것이다. 이러한 상황을 막기 위해 우주선들은 태양풍 예보 시스템을 갖추게 될 것으로 보인다. 물론 태양풍 예보 시스템으로 태양풍을 미리 예측한다 하더라도 드넓고 황량한 우주공간에 어디 숨을 곳은 없어 보인다. 다만 미리 태양풍에 반응할 여러 중요 전자장비와 시설들을 보호할 수 있는 시간을 벌 수 있을 것으로 생각된다. 학교에서 하는 민방위훈련처럼 사이렌이 울리고 '여기는 태양풍 관제센터입니다. 승객들은 모두 태양풍 실드(shield) 구역으로 대피하시기 바랍니다. 다시 한 번 알려드립니다……' 이런 방송이 나오지 않을까?

태양풍은 여러 종류의 입자들의 흐름인데 주로 전자기파의 형태를 이루는 것들은 알루미늄포일로 꼼꼼히 감싸거나 물속으로 들어가면 피해를 줄일 수 있다. 또 입자들의 흐름인 방사선 형태는 비교적 두꺼운 구조물 안으로 대피하면 영향을 최소화시킬 수 있다. 국내의 한 공상과학소설에서는 이러한 태양풍과 방사선을 막기 위해 자신의 대변을 모아 벽돌처럼 만들어서 태양 쪽에 쌓는 엽기적인 방법을 선보이기도 했다. 주인공이 자신의 대변을 손으로 반죽해서 지퍼 백에 담아 벽돌 모양으로 만드는 장면이 끊임없이 등장하는데 두껍고 수분이 많아 원리적으로는 방사선의 보호 기능이 충분하다고 써놓았지만 미래에는 이보다 더 품위 있고 청결한 방법이 개발되리라 간절히 기대해본다.

여섯 번째,
심리적 스트레스 극복하기

●

　　　　　　　재난영화에 항상 등장하는 상황은 승객들 사이의 분열과 갈등이다. 배가 침몰하는 과정에서 일어나는 분열과 폭력, 홍수와 같은 재난 상황에서 발생하는 약탈과 갈등……. 이러한 모든 근본 원인은 인간의 심리와 연관된다. 10년간의 우주여행을 안전하게 마무리하기 위해서는 무엇보다 인간 스스로 이러한 심리적 환경의 변화를 이겨내야 한다. 결국 가장 무서운 것은 인간 그 자체이기 때문이다.

　우주여행에서 우선 신경 써야 할 부분 중의 하나는 탑승객의 스트레스를 줄이는 일이다. 그 때문에 NASA에서도 우주비행사의 심리 상담을 의무화하고 우주에서 스트레스를 줄이기 위한 여러 연구들을 지속하고 있다.

　우주정거장에 처음 도착한 사람들이 받는 스트레스는 우주멀미라고 부르는 증세다. 마이크로중력 환경에서 감기나 졸음, 두통, 식욕부진, 의욕상실 등이 발생하게 되는데 이를 '우주적응증후군'이라고도 한다. 이러한 증세를 해결하기 위해 우주비행사들은 일부 약을 복용하기도 했는데 지구에서와 달리 약효가 거의 나타나지 않는 경우가 많았다고 한다. 물론 마이크로중력 때문에 흡수되는 양상이 다를 수도 있지만 과학자들은 태양복사나 방사선의 영향으로 화학반응이 일어나는 것을 염두에 두고 연구를 계속하고 있다. 미래에는 우주에서 사용하는 약과 지구에서 사용하는 약을 달리 처방해야 할지도 모르겠다.

　장거리 비행에서 충분한 수면을 취하지 못하는 이유는 소음과 진동 때문이라는 조사 결과가 있다. 제트엔진을 사용하는 비행기는 소음과 진동이 비교적 크기 때문에 이런 소리나 떨림을 흡수할 수 있는 여러 장치가 부착되어 있음에도 승객의 충분한 수면을 보장할 수 없다. 로켓을 사용하는 우주선은 비행기와 비교할 수 없을 정도로 큰 소음과 진동을 유발한다. 이로 인해 극도의 스트레스와 무기력증이 유발되며 밀폐된 공간에서는 그 강도가 더욱 커져 여러 부작용이 생길 수 있다.

일주기의 변화도 큰 문제다. 지구에서 12시간씩 낮과 밤이 반복되는 생활을 하다가 우주로 나오면 이러한 일주기가 완전히 무너지게 된다. 게다가 사람마다 생체주기가 약간씩 달라 적절한 조정을 해주지 않는다면 팀워크가 필요한 승무원들의 제각각인 수면 시간을 통제하기 힘들어질 수도 있다.

우주여행 상품을 판매하는 여행사들은 아마도 안전을 문제로 단체 여행객을 꺼릴 수도 있을 것 같다. 여러 연구 결과에 따르면 성질이 비슷한 동질집단보다 다양한 나이와 종교, 국적을 가진 이질집단에서 갈등이 덜 발생된다고 한다. 우주로 수학여행을 가는 중학교 2학년 남자 동일집단을 생각해보자. 출발하고 몇 분 안 돼서 말썽이 일어날 것이 뻔하다.

여행 중 발생하는 우울증에 대해서도 대비해야 한다. 특히 우주선과 같이 밀폐되고 좁은 공간에서는 폐쇄공포와 함께 심각한 우울증이 찾아올 수 있다. 창밖의 풍경이 거의 변화가 없이 수년간 같은 일상이 반복된다면 무료함은 또 다른 스트레스와 우울증을 낳을 수 있다. 우울증은 무기력증이 되고 위급한 상황에서 신속한 반응이 필요할 때 위험해질 수 있다.

무엇보다 가장 중요한 것은 탑승객들 사이의 관계다. 10년을 같은 공간에 있어야 하는 사람들은 서로 어울리면서 좋은 관계를 유지해야 위기 상황에서 큰 힘을 발휘할 수 있다. 상업 등반회사가 처음으로 여러 사람들을 모아 에베레스트 등반에 나섰다가 8명이 조난되어 사망하는 사고가 발생한 적이 있다. 나중에 조사 결과 그들은 팀워크가 부족한 상황에서 산행을 감행했던 것으로 밝혀졌다. 리더인 팀장은 팀원들 사이의 이해와 단결심, 신뢰를 공감하지 못한 상태에서 등반을 하였고 당연히 의사결정에 대한 팀원의 이해도 없었다. 결국 이들은 조난 상황에서 제대로 협력해 대응하지 못했다.

긴 시간의 우주여행은 여러모로 고려해야 할 것들이 많다. 지구에서 고작 수백 킬로미터 떨어진 우주정거장에서 일주일을 머무는 데도 수많은 위험을 안고 떠나야 하는데 10년이 걸리는 명왕성행 우주선은 준비할 것들을 고려하면 아주 먼 미래처럼 들린다. 하지만 실망하기엔 이르다. 100년 전까지만 하더라도 인터넷, 스마트폰, TV 등 우리가 일상으로 사용하는 전자제품은 상상도 못 했다. 기술의 발전 속도로 볼 때 앞으로 100년 후에는 그보다 더 큰 변화가 있을 것이 확실하다. 정말 명왕성으로 향하는 우주선에서 이 책을 읽을지도 모를 일이다.

지구에서 우주 흉내 내기

자유낙하와 벽돌 낙하 사건

"자, 떨어진다!"

"오케이!"

"잘 잡아!"

성깔 있어 보이는 한 소녀가 4층에서 실험상자를 낙하시키려는 중이다. 아래에는 소녀의 말을 잘 듣는 몇 녀석이 커튼을 펼치고 떨어지는 상자를 받으려고 서 있다.

그런데 실험상자를 낙하시키려는 순간, 신경질 섞인 소리가 복도로 울려 퍼진다.

"이 녀석들 뭐 하는 거야!"

가뜩이나 목소리가 굵어 듣기 짜증 나는 국어 선생님이다. 항상 투덜거리고 만나는 애들마다 트집을 잡는 이 선생님이 오늘 야간 자습 감독인 것이다.

"뭘 떨어뜨려? TV 안 봤어? 너네처럼 실험한다고 떨어뜨려서 아래 있는 사람이 맞아서 죽었어. 고등학생이 무슨 초등학생 오마주(hommage, 영화에서 존경의 표시로 특정 장면이나 대사 등을 따라하는 행위)도 아니고……. 실험하지마!"

뼛속까지 이과생인 소녀들은 '오마주'가 무슨 뜻인지도 모른 채 철수를 해야 했다. 말 잘 듣는 소년들도 4층까지 다시 올라와야 했다.

그렇다. 얼마 전 안타까운 사고가 있었다. 경기도의 한 아파트에서 떨어진 벽돌에 맞아 지상에서 고양이를 돌보던 사람이 목숨을 잃은 것이다. 사건은 공동주택인 아파트에서 주인 없는 고양이를 기르는 것에 앙심을 품은 사람이 일부러 던진 것처럼 비춰졌지만 며칠이 지나서 초등학생들의 소행임이 밝혀졌다. 이 당돌한 범인들은 한 발 더 나아가서 떨어뜨리는 '중력 실험'을 했다고 둘러대는 바람에 공교롭게 전국의 모든 '과학 실험'이 지탄의 대상이 됐고, 우리의 실험이 의도치 않게 초등학생을 존경한 '오마주'가 되어버린 것이다.

밤늦게 실험팀장이자 성깔 있는 소녀의 전화가 왔다.

"쌤, 짜증 대박! 국어 쌤이 우리한테 시비 걸었어요."

"천천히, 짜증 내지 말고……."

자초지종은 야간자습 감독인 국어 선생님에 대한 짜증과 특유의 고자질 욕구 해소다. 하지만 고자질은 응징이 가능한 경우에나 효과가 있는데 선생님을 응징할 수는 없는 노릇이다. 결국 우리의 마이크로중력 실험의 방향성에 대해 다시 고민을 해야 했다.

지구에서 우주 흉내를?

동아리 녀석들에게 우주정거장과 우주여행에 대한 이야기를 하면서 마이크로중력에 대한 이야기를 했을 때 몇 명의 녀석들이 실험을 같이 하자며 팀을 꾸려 왔다. 여섯 명의 녀석들을 모아놓고 보자니 참 안쓰럽다. 이렇게 어울리지 않는 집단이 또 있을까? 여학생들은 하나같이 기가 세고 까칠하며, 남학생들은 여리다 못해 여학생들에게 순종적이기까지 하다. 게다가 재미없는 커플까지.

결정연구팀 소녀 1, 2
리더십 있고
성깔 있는 소녀

드론나하팀 소년 1, 2
결정연구 소녀들의 말이라면
영혼을 팔 정도로 복종함

중력측정팀 소년, 소녀
초등학생 때부터 알던
친근한 친구 사이

무거운 것을 들 일이 많고, 밤에 늦게 가야 된다는 둥 포기를 시키기 위해 몇 차례 설득했지만 그들의 의지는 더 불타올랐다.

"밤에 실험하면 좋겠다, 과학실에서 불 꺼놓고, 흐흐흐흐흐……."

결정연구 소녀들이 멀찌감치 떨어진 소년들을 쳐다보며 장난기 어린 음흉한 미소를 짓는다.

TV에서 보면 우주정거장에서 우주인들이 공중에 둥둥 떠다니는데 이런 상황이 마이크로중력 환경이다. 우주라도 엄밀하게 무중력인 공간은 없다. 국제우주정거장의 경우는 지표중력의 10만분의 1 정도이므로 마이크로중력 환경이 된다. 사실 우주정거장에 중력이 없는 것이 아니라 지구의 중력과 원심력이 상쇄되어 중력의 효과가 아주 작게 나타나는 것뿐이다.

우주까지 가지 않고 지표에서 마이크로중력을 얻기 위한 가장 간단한 방법은 자유낙하를 하는 것이다. 물체를 떨어뜨리면 아래쪽 방향으로 가속되면서 중력과 반대 방향으로 관성에 의한 가상의 힘이 작용하고, 이 두 힘이 합쳐져 중력이 작아지는 것과 같은 효과가 나타난다. 롤러코스터를 타고 내려올 때 몸이 뜨면서 온몸이 오싹하는 느낌이 바로 마이크로중력 환경에서의 인간의 감각이다. 이미 과학자들은 위험하고 비용이 많이 드는 우주에 가지 않고도 마이크로중력 실험을 할 수 있는 별도의 건물인 낙하탑(drop tower)을 만들기도 한다.

낙하탑은 말 그대로 떨어뜨리기 위한 높은 건물이다. 높이 건설할수록 마이크로중력 시간이 늘어나긴 하지만 무턱대고 높진 않다. 떨어질 때 속력이 점점 빨라져서 처음 1초 동안에는 4.9미터 낙하하지만 5초만 되어도 120미터를 넘어선다. 낙하속력이 빠르면 멈추기도 힘들기 때문에 현재까지 만들어진 낙하탑들은 5초 미만 동안만 실험할 수 있다. 보통은 실험할 장치를 캡슐에 넣어 낙하시키는데, 지어진 지 50년이나 된 NASA의 글렌 낙하탑은 2.2초 정도의 마이크로중력을 만든다. 독일에 있는 브레멘 낙하탑은 110미터 높이에서 낙하시켜 약 4.7초 정도의 마이크로중력을 만들 수 있으며 현존하는 가장 높은 낙하탑이다.

자유낙하보다 좀 더 긴 마이크로중력 환경은 비행기로 만든다. 아래 그림처럼 비행기가 비스듬히 상승하다가 엔진을 끄면 마치 하늘로 던진 공처럼 포물선을 이루며 떨어지는데 이때 포물선의 일부 구간에서 약 20초 정도의 마이크로중력 환경이 만들어진다. 이것을 몇 번 반복하면서 우주비행사들의 마이크로중력 적응 훈련을 한다. 훈련이 얼마나 고된지 이 비행기의 애칭이 '구토혜성(vommit comet)'이라고 한다. 더군다나 마이크로중력 상황에서는 구토물이 공중에 둥둥 떠다니기 때문에 구토물을 피하기도 어렵고 이미 오랫동안 구토물이 비행기 구석구석에 자리 잡고 있어 비행기에 올라타기만 해도 냄새로 인해 절반은 구토가 나온다고 하니 우주비행사들이 존경스러워진다.

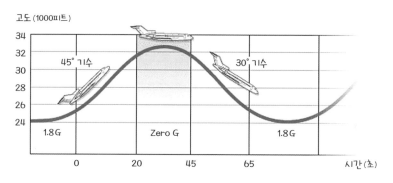

포물선의 꼭대기 부근에서 마이크로중력 환경이 된다.

마이크로중력 프로젝트 계획하기

"쌤, 그럼 우리 실험 앞으로 어떡해요?"

"국어 쌤 무시하고 계속해요."

까칠한 소녀 둘은 기어코 국어 선생님 응징을 요구하며 고주파로 시위 중이다. 지금까지 실험으로 얻은 데이터를 보니 약 1초 남짓의 자유낙하 동안 마이크로중력 환경은 고작 0.2초 정도다. 뭔가 새로운 실험 방법이 필요하다. 일단 진지한 중력측정팀에게 NASA의 비행기처럼 포물선 운동을 이용한 새로운 마이크로중력 환경을 만드는 방법을 고안해 오라고 했고, 순종적인 드론낙하팀에게는 학교 앞 커튼 가게에 가서 낙하 때 아래에서 받기 위해 쓸 두꺼운 천의 가격을 알아 오라고 했다. 까칠한 결정연구 소녀들에게는 직장 동료 사이의 관계에 대해 구차하게 이해를 구했다.

결정은 과학 연구에서 중요한 부분이다. 신소재를 연구하거나 새로운 의약품을 개발할 때 결정을 만드는 것이 연구의 중요한 단계이다. 우주정거장에서도 반도체 물질이나 단백질 등의 결정이 지표와 다르게 균일하고 안정적으로 성장하는 것을 연구했다. 단백질로 만들어진 우리 몸의 세포는 체액에 둥둥 떠다니면서 생장하고 조직을 만드는 경우가 많은데 이러한 환경이 마이크로중력 환경과 비슷하다.

그래서 우리도 마이크로중력 환경에서 결정이 어떻게 성장하는지 연구하기로 했다. 결정을 만들 물질은 휴대용 핫팩을 만드는 데 쓰이는 아세트산나트륨을 활용했다. 결정성장이 빠르고 눈에 잘 보이기 때문이다. 아세트산나트륨 가루를 끓는 물에 넣고 과포화시켜 액체로 만든 다음, 식혀서 약간의 충격을 주면 반응이 일어나 고체로 응고되면서 열이 발생한다. 고체로 응고될 때 고체 아세트산나트륨 결정이 만들어지는데 이 실험을 마이크로중력 환경에서 관찰하는 것이다. 쉽게 말하면 아세트산나트륨을 넣고 충격을 준 뒤 높은 곳에서 떨어뜨린다는 말이다. 이 연구는 꼼꼼하고 리더십이 있으며 의욕 충만한 소녀들이 실시하기로 했다. 이들이 바로 결정연구 소녀들이다.

마이크로중력 시간을 늘리기 위해서는 높은 곳에서 떨어뜨려야 한다. 높은 곳은 낙하 위험도 커진다. 특히 높은 건물 주변은 지나가는 사람이 많아서 더욱 위험하며, 바람이라도 불면 건물의 창문과 부딪쳐 피해를 줄 수 있다. 그래서 학교 운동장같이 넓은 공간에서 사람이 지나가지 않도록 통제한 후 드론을 높이 띄워 낙하시키는 아이디어를 내놨다. 순종적인 소년들은 일단 낙하에 필요한 회로를 만들어 일정 시간이 되면 드론에서 실험상자가 분리되도록 프로그래밍을 했고 일요일에 실험을 진행하기로 했다. 이들이 바로 드론낙하 소년들이다.

자유낙하 대신에 NASA의 비행기처럼 포물선운동으로 마이크로중력 시간을 늘리는 것을 실험하는 일은 중력측정팀이 맡았다. 이 커플은 체육관에서 농구공과 씨름하고 있다. 배드민턴 네트 지지대에 고무줄을 묶어 새총처럼 농구공을 띄워 올리고 있는데 생각보다 높이 올라가서 한껏 고무되어 있다. 그런데 몇 번 실험하고는 실험이 완성된 것 같다며 학원 간다고 가버렸다.

일요일이 되어 세 팀의 결과를 보기로 했다. 결정연구 소녀들의 입에서는 거친 욕설이 튀어나온다. 아세트산나트륨이 식초 냄새가 진하게 난다는 것을 왜 얘기해주지 않았냐며 일주일 동안 손에서 식초 냄새가 나서 애들이 옆에 오지도 않았다고 한다. 게다가 식초 냄새를 극복하고 몇 차례 실험을 했는데 조금만 충격을 주면 금방 굳어버리는 바람에 수십 번을 다시 녹여서 실험을 했다는 것이다. 학원에 간 중력측정팀은 그 뒤로도 보이지 않았다. 문제는 드론낙하팀이었다. 결정연구 소녀들이 괜히 실험이 안 되니 드론낙하팀을 기웃거리다가 큰 건수를 하나 찾았다. 드론에서 무언가를 낙하시키는 것이 위법행위라는 것을 알아낸 것이다. 결국 드론낙하팀은 다른 주제를 찾아야 했다.

한바탕 냄새와의 전쟁을 치른 소녀들

마이크로중력 프로젝트 완성하기

별 소득 없이 한 달이 지났다. 결정연구팀은 여전히 식초 냄새에 치를 떨고 있었고, 드론낙하팀은 우주에서 질량을 측정하는 방법으로 연구의 방향을 다시 잡았다. 중력측정팀은 열심히 학원을 다니고 있다.

우주정거장에서는 지구로 인한 중력 효과가 없어 무게를 잴 수 없다. 둥둥 떠다니기만 하고 아래로 눌리지 않으니 저울의 눈금이 변할 리 없다. 그래서 우주정거장에서는 물체를 진동시켜 질량을 측정한다. 물체를 흔들어 1초에 몇 번 흔들리는지 측정해서 질량을 계산하는 것이다.

드론낙하팀이 이 주제를 연구하기로 했다. 용수철 대신 톱날을 진동시키기로 하고 톱날 끝에 추를 붙였다. 추를 건드리면 톱날이 휘어지면서 진동하는데, 톱날의 반대편에 센서를 매달아 힘을 분석해서 진동수를 구하는 것이다. 물론 이 모든 장비들을 상자에 넣고 떨어뜨려 마이크로중력 환경에서 실험하는 것이다. 진동으로 구한 질량은 '관성질량'이라고 하고 무게로 측정한 질량을 '중력질량'이라고 하는데 그 값은 같아야 한다. 실제 우주정거장에서도 이와 비슷한 방법으로 사람의 몸무게를 측정하는데, 혹시나 우주에서 다이어트가 될까 세심하게 연구하고 있다.

순종적인 드론낙하 소년들은 실험이 비교적 빠르게 진척되어 모처럼 휴식을 취하다가 그만 결정연구 소녀들의 눈에 띄어 그녀들의 노예가 되고 말았다. 내가 과학실에 들어갔을 때 소년들은 물을 끓이고 아세트산나트륨의 비율을 조절해 핫팩을 만드는 일들을 마치 가내수공업처럼 분주하게 해내고 있었다.

분주한 소년들과 한가한 소녀들

마이크로중력 환경에서는 중력 효과가 매우 적어 중력 환경과는 다른 결정성장 모습을 보여야 한다. 그래서 아세트산나트륨의 결정이 만들어지는 순간 떨어뜨려서 중력 환경에서의 결정 모양과 마이크로중력 환경에서의 결정 모양을 비교하면 되었다.

문제는 소녀들의 참을성을 시험하는 식초 냄새와 지나치게 예민한 아세트산나트륨의 변덕이었다. 한 달간 고민하면서 얻은 원인은 아세트산나트륨을 녹인 뜨거운 액체를 완벽하게 밀봉하지 못했기 때문이었다. 그래서 비닐 밀봉기를 사서 주었는데 어느 날 가보니 또 드론낙하 소년들이 열심히 밀봉하고 있었다.

아래 사진에서처럼 금속판을 구부려 충격을 주면 결정이 만들어진다. 결정은 가운데에서 밖으로 성장하는데 중간에 흐릿한 원이 하나 보인다. 이 지점의 결정이 만들어질 때 떨어뜨렸기 때문에 이 동심원 바깥쪽은 자유낙하를 하면서 만들어진 결정이라 할 것이다.

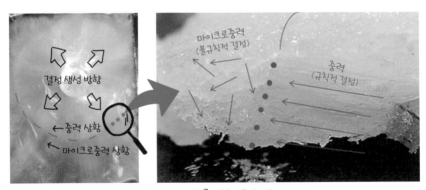

아세트산나트륨의 결정 모양 변화

확대한 사진을 보면 중력 상황인 오른쪽의 결정은 한 방향으로 성장하지만 왼쪽의 마이크로중력 환경에서는 무작위한 결정구조를 보이고 있다. 아세트산나트륨의 경우 결정이 빠르게 만들어져 그 효과가 크진 않지만 중력 상황과는 판이하게 다른 결정 모양을 확인하는 것만으로도 의미 있는 실험이었다.

결정 연구를 마무리하면서 누구보다 즐거워한 이들이 있는데 노예에서 해방된 순종적인 소년들이었다. 물론 결정연구 소녀들도 식초 냄새에서 해방됐다며 고생한 척 너스레를 떨었다.

중력측정팀은 배드민턴 네트 지지대와 고무줄을 이용해 새총처럼 실험상자를 쏘아 올려 중력을 측정해야 한다. 그러기 위해서는 실험상자 안에 중력을 측정하기 위한 가속도 센서를 넣어야 하는데 요즘엔 휴대폰에 가속도 센서가 내장되어 있어서 휴대폰을 넣고 던지면 된다. 모두 모여 '누구 휴대폰을 던질 것인가' 오랜 시간 동안 격론을 벌였다. 잠시 후 결정연구 소녀들이 한 휴대폰을 들고 이걸로 던지기로 했다며 찾아왔다. 주인 맘이 변할까 싶어 재빨리 상자에 넣고 센서를 켜고 고무줄을 당겨 위로 쏘았다. 상자는 4층 높이까지 올라갔다가 다시 떨어졌다. 드론낙하 소년들은 넓은 커튼으로 떨어지는 상자를 마치 여러 번 훈련이 된 것처럼 굉장히 민첩하게 필사적으로 잘 받아내었다. 알고 보니 휴대폰 주인은 이들이었다.

그런데 상자가 올라가면서 회전하여 가속도가 제대로 측정되지 않았고 떨어지는 위치도 던질 때마다 달라져 안전하게 받아내기가 만만치 않았다. 결국 다섯 번째 실험에서 그만 상자가 땅으로 그대로 곤두박질치는 바람에 드론낙하 소년은 깨진 액정 화면에 눈물을 보이고야 말았다.

'액정 파손 참사' 이후로 우리의 프로젝트는 슬픔을 떨쳐내지 못하고 한동안 실험이 진척되지 못했다. 결국 성금을 모아 액정을 수리하고 나서야 다시 모일 수 있었다. 역설적이게도 이 사건 뒤 녀석들의 팀워크는 더 좋아진 듯했다. 실험의 문제는 두 가지였다. 상자의 회전과 불확실한 낙하 위치. 몇 번의 회의 끝에 상자의 회전을 막기 위해 두 개의 와이어를 달고, 포물선으로 던지지 않고 수직으로 올려서 던진 자리에 그대로 낙하하도록 변경했다.

모두 달려들어 2주 동안 와이어를 설치하고 여러 차례 실험했는데 빨대와 와이어의 마찰이 생각보다 컸다. 그래서 와이어를 하나로 줄이고 가이드 상자 안에 실험상자를 넣어 실험상자가 와이어의 마찰을 받지 않도록 하였다. 가이드 상자와 실험상자가 같이 위로 발사되고, 올라가면서 실험상자만 분리되는 것이다. 몇 번의 시행착오를 거쳐 미세한 부분까지 수정을 해서 드디어 1.5초의 마이크로중력 환경을 만들 수 있었다.

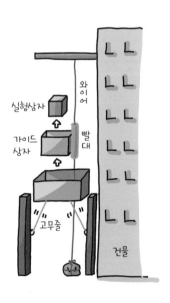

이제 높은 곳에서 낙하시키는 대신에 위로 쏘아 올리면 된다. 실험상자에 아세트산나트륨을 넣어 결정 실험을 할 수 있고, 추를 진동시켜 질량도 측정할 수 있게 되었다. 자유낙하보다 더 긴 시간 동안 마이크로중력 환경을 만들게 되었을 뿐만 아니라 안전하게 실험할 수 있었으며, 무엇보다 높은 건물에 오르락내리락하지 않아도 되었다.

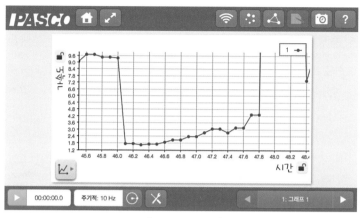

약 1.5초의 마이크로중력 환경

마이크로중력 프로젝트의 반전

"쌤, 당연 삼겹살이죵!"

며칠에 걸쳐 실험 결과를 정리
하여 드론낙하 소년들과 결정연
구 소녀들이 전국대회에서 프레
젠테이션을 했다. 덕분에 좋은 성
과를 낼 수 있었다. 수고한 여섯
명의 학생들과 프로젝트 마무리
로 회식을 했다. 근처 고깃집에 모

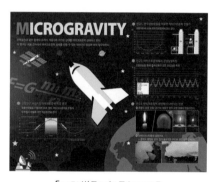

동아리 발표대회 포스터 자료

인 녀석들은 종업원이 가져다 놓은 물수건으로 손을 대충 닦고는 인사치레
로 "잘 먹겠습니다!"를 외치더니 진공청소기처럼 삼겹살을 굽는 족족 먹어
치웠다. 회식비가 걱정되어 고기 한 점 제대로 넘길 수 없었던 나와는 달리

녀석들은 잘도 먹는다.

　때론 자식을 키우는 것처럼 녀석들의 자기장 같은 넉살과 블랙홀 같은 먹성이 사랑스러울 때가 있다. 말을 잘 들진 않지만 뭔가 몰입하는 것을 볼 때면 짜릿한 쾌감이 있다.

　그런데…… 나만의 착각이었다. 그들은 다른 것에 몰입하고 있었다.

결정소녀1	야, 너 이거 물 끓이는 거 같이 하자.
드론소년1	아 왜? 식초 냄새 나서 싫어.
결정소녀1	뭐? 냄새 나서 내가 싫다고?
드론소년1	아니 그건 아니고…….
결정소녀1	주말에도 나올 거지?
드론소년1	…….

결정소녀2	야, 네 휴대폰으로 던지자.
드론소년2	아 왜? 네 것으로 해.
결정소녀2	부서지면 내가 책임질게.
드론소년2	헐, 그러면 진짜 네 것으로 하든가.
결정소녀2	아, 그럼 부서지면 내가 너랑 사귄다.
드론소년2	…….

중력소년　학교에서 실험하는 거 잘 되니까 좋네. 이따 학원 같이 가자.

중력소녀　그래. 이따 학교 앞 공원에서 보자.

중력소년　근데 주말에도 실험하러 나가야 되나?

중력소녀　다른 팀은 잘 안 된다니까 우린 이번 주에는 나가지 말자.

중력소년　그럼 우리 집에서 같이 공부할까?

중력소녀　그래.

나만 몰랐다, 마이크로중력 환경에서
세 커플의 생성 과정을…….

● 결정소녀1과 드론소년1은 이후로 몇 개월간 다툼과 재회를 빈번하게 왔다 갔다 하더니 결국 졸업과 함께 헤어
졌다는 후문이 들려왔다. 결정소녀2와 드론소년2는 여전히 친구 사이로 티격태격하면서 잘 지낸다. 중력소년
과 중력소녀는 몇 번 같이 밥을 먹더니 따로 공부만 하다가 사이가 소원해졌다. 결정소녀1은 자기소개서에 이
프로젝트를 꼼꼼히 기록해 가고 싶은 대학의 물리학과에 진학했다. 결정소녀2는 이 프로젝트를 통해 새로 알
게 된 본인의 터프함을 강조하여 리더십 전형으로 인근 대학의 건축공학과에 진학했다. 나머지 녀석들도 모두
공대에 진학했는데 이 프로젝트가 기여한 바는 미미했다.

3

위험한 우주

우주선 내의 생활에 적응하는 것은 우주여행에서 매우 중요하다.

우주왕복선 조종사들은 단 며칠 동안의 임무 수행을 위하여

몇 년 동안 혹독한 지상 훈련을 받았다. 우주여행이 며칠이 아니라

몇 개월 또는 몇 년으로 길어질 경우 우주선 안에서의 생활뿐만 아니라

우주선 밖의 환경에 대비하는 것도 매우 중요하다.

우주는 진공 상태의 고요한 공간이지만 의외의 위험들이 도사리고 있기 때문이다.

따라서 지구를 떠나 광활한 우주를 여행하는 동안 만날 수 있는

위험들을 예상하고 미리 대책을 세워야 한다.

우주에서는 119를 부를 수 없기 때문이다.

우주쓰레기

●

일반적으로 사람들은 우주가 아주 먼 곳에 있다고 생각한다. 그래서 우주에 가려면 로켓을 타고 아주 오랜 시간을 날아가야 한다고 생각하지만 사실은 그렇지 않다. 1995년 우주왕복선 아틀란티스(Atlantis)를 타고 우주로 나간 캐나다 최초의 우주비행사 크리스 해드필드(Chris Hadfield)는 로켓이 발사된 후 8분 42초 만에 무중력 상태에 도달했다고 그의 저서에서 밝혔다.

우주는 시간상으로 가까울 뿐만 아니라 거리도 생각보다 가깝다. 우주인들이 상주하는 국제우주정거장은 지표면에서 평균 400킬로미터 떨어진 곳에 있다. 400킬로미터는 지구 반지름(6400킬로미터)의 10퍼센트에도 못 미치는 높이다. 지구를 지름 30센티미터의 지구본으로 축소해보면 국제우주정거장의 고도는 겨우 0.9센티미터로 지구본을 잡고 있는 손가락 두께보다 짧다. 직선거리로 서울에서 제주도보다 가까운 거리다. 다시 말하면 우주는 제주도보다 가까운 곳에 있다! 우주가 이렇게 가깝다는 사실이 믿기지 않겠지만 NASA는 50마일(80.46킬로미터) 이상의 높이를, 국제항공연맹(FAI)은 100킬로미터 이상의 높이를 우주로 규정하고 있기 때문에 지상 400킬로미터는 확실한 우주다.

우주는 생각보다 가까이 있지만 우리가 생활하는 지표면의 환경과는 많이 다르다. 2013년 개봉한 영화「그래비티」는 우주에 있는 것 같은 착각이 들 정도로 지상 600킬로미터의 우주를 실감나게 묘사하였다. 온도는 영하 100도 이하로 낮고 공기가 없기 때문에 소음도 없고 무게도 느껴지지 않는다. 우주공간을 떠다니며 허블 우주망원경을 수리하는 우주인들의 발아래로는 아름다운 지구가 펼쳐져 있다. 지상에서는 종교와 이념 차이로 인한 전쟁과 테러, 인종과 지역, 성별, 세대 간의 갈등과 증오, 지진과 산불, 홍수와 같은 자연재해로 신음하고 있지만 지상 600킬로미터에서 내려다본 지구는 아무런 근심과 걱정도 없어 보이는 평화로운 푸른 행성일 뿐이다. "삶은 가까이서 보면 비극이요, 멀리서 보면 희극이다"라는 찰리 채플린의 명언이 가장 잘 어울리는 순간이다.

그러나 이렇게 아름다운 모습은 오래가지 않는다. 러시아가 미사일로 인공위성을 요격하면서 생겨난 파편들이 엄청난 속도로 날아온다. 우주인 1명이 파편에 맞아 사망하고 지구에서 타고 온 우주선도 심각한 손상을 입는다. 순식간에 희극이 비극으로 바뀌었다. 생존한 2명의 우주인도 더 이상 대피할 곳이 없다. 영화는 우주의 아름다움과 치명적인 위험을 동시에 보여준다.

영화 속의 장면과 비슷한 상황은 현실에서도 자주 나타난다. 2012년 3월, 384킬로미터 상공을 선회하던 국제우주정거장의 승무원 6명은 28000km/h의 속도로 날아오는 파편을 피해 우주정거장에 도킹해 있던 소유스호의 탈출 캡슐로 긴급히 대피했다. 다행히 파편이 비껴가는 바람에 영화와 같은 아찔한 상황이 연출되지는 않았지만 하마터면 대형사고가 일어날 뻔했다.

2016년 5월에는 국제우주정거장의 전망대인 큐폴라(Cupola)의 유리창이 우주에서 날아온 파편에 맞아 7밀리미터가량 균열이 생겼다. 이 유리창은 일반 유리창보다 8~20배나 두꺼웠지만 총알보다 몇 배 빠른 속도로 날아온 파편에는 속수무책이었다.

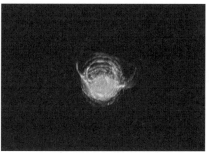

국제우주정거장에서 작업 중인 우주인   파편에 맞은 큐폴라의 유리창

우주공간을 떠돌아다니는 파편들은 인공위성에도 치명상을 입힐 수 있다. 2015년 1월 우리나라의 과학기술위성 3호는 그린란드 상공에서 파편과 충돌할 뻔한 위기를 겨우 넘겼고, 유럽우주국이 발사한 센티널-1A 위성은 2016년 9월 초속 11킬로미터로 날아온 1밀리미터 파편에 맞아 태양전

지판이 40센티미터나 파손되는 사고를 당했다.

이 파편들은 대부분 우주탐사 과정에서 발생한 쓰레기들이다. 파괴된 인공위성의 조각이나 우주인이 흘린 카메라, 쓰레기봉투처럼 작은 것부터 고장 난 인공위성, 로켓을 발사할 때 사용한 고체 연료 부스터처럼 큰 것까지 다양하다.

한때는 우주왕복선 조종사들의 소변도 지구궤도를 떠돌았다. 우주왕복선의 조종사들은 2~3일에 한 번씩 소변을 모아 우주로 버렸는데 이 소변들이 작은 얼음 알갱이로 변해 우주공간으로 흩어진 것이다. 요즘은 국제우주정거장의 우주인들이 배출한 소변이나 땀을 필터로 걸러 식수로 재활용하기 때문에 우주에 소변을 버리는 일은 없어졌다. 그리고 인체에서 나온 다른 폐기물(고체)은 변기 안에 보관했다가 지구로 귀환한 후 처리한다. 만약 고체 폐기물을 우주에 버린다면 우주유영을 하다가 자신의 몸에서 나온 배설물에 맞는 끔찍한 사고를 당할 수도 있다.

지구 주위를 떠도는 우주쓰레기(space debris) 외에 지구로 떨어지는 쓰레기도 많다. 크기가 작은 것들은 대부분 연소되지만 큰 것들은 땅으로 떨어지기도 한다. 1997년 미국 오클라호마에 사는 로티 윌리엄스(Lottie Williams)라는 여성은 길을 걷다가 검게 탄 물체에 어깨를 맞았는데, 이 물체는 1년 전 미국 공군이 발사한 델타 2 로켓에서 떨어져 나온 조각으로 밝혀졌다. 2016년 9월 인도네시아 마두라섬에는 스페이스X의 팰컨 9 로켓에서 떨어져 나온 1.5미터 크기의 물체가 민가에 떨어져 한바탕 소동이 났고, 2018년에는 중국의 우주정거장 톈궁[天宮] 1호가 통제 불능 상태로 지표를 향해 추락하면서 전 세계가 파편에 맞을까 봐 두려움에 떨기도 했다. 대기권에서 연소되지 않은 톈궁 1호의 잔해는 다행히 2018년 4월 남태평양 공해상에 떨어지면서 별다른 피해를 끼치지 않았다.

NASA에 따르면 지난 50년 동안 평균적으로 매일 한 개의 우주쓰레기가 땅으로 떨어졌다고 한다. 이제는 하늘에서 떨어지는 새똥만 조심해야 할 것이 아니라 우주쓰레기도 조심해야 한다. 왜냐하면 우주쓰레기에 맞았을 때가 새똥에 맞았을 때보다 훨씬 더 아프기 때문이다. 물론 새똥에 맞았을 때가 기분은 더 나쁠 테지만.

우주쓰레기는 우리 눈에 보이지 않기 때문에 심각성을 느끼기가 어려운데 전체 양은 수천 톤에 달한다. 지름 10센티미터 이상인 것만 2만 3000개가 넘고 10센티미터 이하는 파악조차 할 수 없는 상태이다. 현재 미국은 대형 광학망원경과 레이더로 지름 10센티미터 이상의 우주쓰레기를 추적해 궤도 정보를 알려주고 있다. 현재로서는 널려 있는 쓰레기를 치울 방법이 없기 때문에 위치를 파악해서 피해 다니도록 알려주는 셈이다.

우주쓰레기는 양이 많은 것도 문제지만 통제가 불가능하기 때문에 더욱 심각하다. 1958년 3월 발사된 미국의 뱅가드 1호 위성은 1964년 동작을 멈추었으나 아직도 지구궤도를 돌고 있다. 폐차된 자동차가 폐차장으로 가지

우주정거장이 지나는 지구 저궤도의 우주쓰레기 상상도

않고 여전히 도로 위를 달리고 있는 것이다. 뱅가드 1호뿐만 아니라 현재 지구궤도를 돌고 위성 중 90퍼센트는 작동을 멈춘 우주쓰레기다. 마치 운전자가 없는 자동차들이 초속 7킬로미터 이상의 속력으로 달리고 있는 것과 같다.

　운전자가 없는 통제 불능의 인공위성들은 대형 사고를 일으켜 엄청난 우주쓰레기를 새로 만들기도 한다. 2009년 2월 10일에 시베리아 상공에서 미국의 통신위성 이리듐-33과 러시아의 통신위성 코스모스-2251이 충돌했는데 이리듐-33은 정상적으로 작동 중인 위성이었으나 코스모스-2251은 1995년에 이미 작동을 멈춘 채 우주를 떠돌던 쓰레기였다.

이리듐-33과 코스모스-2251의 충돌

　이 사고로 10센티미터보다 큰 파편이 1000개 이상 새로 만들어졌다. 10센티미터보다 작은 파편들은 셀 수 없을 정도다. 그중 일부가 2012년 3월 국제우주정거장 승무원들과 2015년 1월 우리나라 과학기술위성 3호를 위협했던 파편들이다.

　우주쓰레기는 이와 같이 불의의 사고로 발생하기도 하지만 고의적인 파괴로 만들어지기도 한다. 중국은 2007년 1월 활동을 멈춘 기상위성 '펑윈[風雲] 1C'를 탄도미사일로 요격하여 엄청난 우주쓰레기를 만들었다. 세계 곳곳에 퍼져 있는 '메이드 인 차이나(made in China)'는 우주공간에서도 어렵지 않게 만날 수 있다. 2013년 러시아의 과학위성은 펑윈 1C 위성의 잔해와 부딪쳐 새로운 우주쓰레기가 되었다.

아직까지 우주쓰레기는 국제우주정거장을 위협하거나 인공위성을 파괴하는 것과 같이 제한적인 피해를 일으키지만 본격적인 우주관광 시대가 시작되면 피해 규모가 훨씬 커질 가능성이 높다. 관광객을 태운 우주선이 지구궤도를 완전히 벗어나기 전이나 지구로 돌아오는 중에 버드 스트라이크(bird strike, 운항 중인 항공기에 새 등이 충돌해 항공사고를 일으키는 현상)와 같은 사고를 당할 수 있기 때문이다. 실제로 1994년 임무를 마치고 귀환하던 우주왕복선 인데버호는 우주쓰레기에 맞아 정면 창문이 크게 손상되었고 2006년 아틀란티스호는 우주쓰레기에 부딪혀 화물칸에 구멍이 생겼다.

우주쓰레기는 확실한 제거 방법이 개발되지 않는 한 점점 더 증가할 것으로 전망되는데 지구 주변이 우주쓰레기로 포화 상태에 이르게 되면 명왕성은커녕 지상 400킬로미터의 우주정거장에도 갈 수 없는 상황이 될 수도 있다. 해외여행을 가려는데 집 앞에 쌓여 있는 쓰레기 때문에 집 밖으로 나가지 못하는 사태가 생기는 것이다. 우주쓰레기는 지상의 쓰레기 못지않게 중요한 문제가 되었다.

소행성대

●

우주로 가는 과정에서 만나게 되는 첫 번째 장애물인 우주쓰레기를 잘 피한다면 이제 본격적인 우주여행이 시작된다. 그러나 지구를 벗어났다는 기쁨에 들떠 무작정 길을 나섰다가는 우주에서 길을 잃을 수도 있다. 우주미아가 되지 않기 위해 지도를 펴서 우리가 가야 할 곳을 찾아보자.

그런데 태양계 지도를 자세히 들여다보니 화성과 목성 사이에 하얀 부스러기들이 보인다. 혹시 우주쓰레기가 이미 저렇게 멀리까지 퍼져 나간 것은 아닐까? 그렇다면 정말 심각한 일이 아닐 수 없다. 화성을 지나 태양계 밖으로 나가기 위해서는 저 구역을 반드시 지나야 하기 때문에 우주선에 위험을 초래하지 않는지 미리 파악해야 한다. 지도를 최대로 확대해 부스러기들의 정체를 탐색해보았더니 부스러기들은 바로 암석 덩어리들이다. 우주쓰레기를 피했더니 이제는 돌덩이들이 앞길을 막는다.

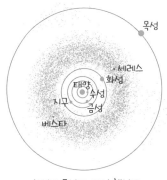

화성과 목성 사이의 소행성대

소행성대 상상도

이 암석 덩어리들이 퍼져 있는 화성과 목성 사이의 지역을 소행성대 (Asteroid belt)라고 하는데 폭이 2억 킬로미터 정도로 지구와 태양 사이의 거리(1AU)보다 더 넓다. 이런 지역에 빽빽하게 암석들이 들어차 있다면 화성 밖으로 나가는 것은 쉽지 않다. 게다가 이곳에서 가장 큰 소행성인 세레스의 공전속도는 무려 초속 17킬로미터(시속 6만 4000킬로미터)로 우주쓰레기보다 2배 이상 빠르다! 17km/s로 날아오는 돌멩이 사이를 통과하는 것보다 날아오는 총알을 피하는 것이 더 쉬울 것 같다.

그런데 이상한 점이 있다. 그동안 화성 밖의 외행성 탐사는 1973년 발사된 파이어니어 10호부터 2016년 목성에 도착한 주노까지 여덟 차례 진행되었는데 이 과정에서 소행성과 충돌한 사고는 한 번도 일어나지 않았다. 탐사선들은 어떻게 소행성대를 무사히 빠져나갔을까? 운이 좋았던 걸까? 아니면 눈에 보이지 않을 정도로 빠른 암석들을 피할 수 있는 놀라운 조종 기술이 있었던 걸까? 만약 지구에서 이 탐사선을 무선으로 조종한 과학자가 있다면 그는 틀림없이 슈팅 게임 중독자일 것이다.

탐사선들이 소행성대를 무사히 통과한 이유는 의외로 단순하다. 1801년 1월 1일 이탈리아의 천문학자 주세페 피아치(Giuseppe Piazzi)가 세레스를 발견한 이래 70만 개 이상의 소행성이 발견되었다. 소행성의 개수가 이렇게 많다면 정말 충돌하지 않을까 걱정이 되지만 소행성대는 1AU보다 넓은 지역에 분포되어 있기 때문에 소행성들 사이의 거리는 평균 100만 킬로미터가 넘는다. 따라서 소행성대를 지나면서 소행성을 만나는 것은 쉽지 않다. 아마 소행성대를 지나면서 이곳이 소행성대인지 모를 수도 있다. 그러므로 300km/h의 자동차가 달리고 있는 도로를 횡단하는 것보다 소행성대를 지나가는 것이 훨씬 더 안전하다고 할 수 있다.

소행성대는 한때 화성과 목성 사이에 존재하던 행성의 잔해로 추정되기도 했지만 소행성들의 질량을 모두 합쳐도 달의 4퍼센트에 불과하고 그중 세레스가 32퍼센트의 질량을 차지하고 있기 때문에 행성의 잔해보다는 태양계가 형성될 때 남겨진 잔해물로 추정된다. 집을 짓고 남은 건축자재들이 길거리에 흩어져 떠돌고 있는 셈이다.

사실 소행성들은 탐사선보다 지구에 더 큰 위협을 주고 있다. 다 합친 질량이 지구 질량의 1000분의 1도 안 되는 소행성들이 지구를 위협하고 있다는 것이 아이러니하지만 지름 수십 미터 정도의 소행성도 지구에 충돌할 경우 큰 피해를 줄 수 있고 수백 미터가 넘으면 대륙 한 개를 통째로 파괴할 수 있다. 2013년 2월 15일 러시아 첼랴빈스크(Chelyabinsk)에 떨어져 1000명 이상이 다치고 350억 원의 재산 피해를 냈던 운석의 지름은 17미터에 불과했지만 위력은 히로시마에 투하된 원자폭탄의 20배 이상이었다.

지구에 0.3AU(약 450만 킬로미터) 이내로 접근하는 지구근접천체(NEO, Near-Earth Objects)는 2018년 3월 현재 1만 8000개에 가깝고 매달 수십 개가 추가로 발견되고 있다. NEO 중 90퍼센트는 위치와 궤도가 파악되어 있지만 종종 파악되지 않은 불청객이 지구를 위협하기도 한다. 2017년 1월

Near-Earth Objects Discovered	
THIS MONTH:	98
THIS YEAR:	428
ALL TIME:	17982

Minor Planets Discovered	
THIS MONTH:	325
THIS YEAR:	1651
ALL TIME:	755394

발견된 지구근접천체와 소행성 (출처: 국제천문연맹 소행성센터 웹사이트)

크기가 15~34미터인 소행성 'AG13'이 지구와 달 궤도의 중간 지점(약 19만 킬로미터)을 초속 16킬로미터의 속도로 지나갔지만 발견한 것은 불과 하루 전이었다. 만약 이 소행성이 지구의 중력에 이끌려 지표면으로 떨어졌다면 어떻게 되었을까?

NASA는 1999년에 발견된 500미터 크기의 소행성 베누(Bennu)가 2035년 지구와 충돌할 가능성이 있다고 보고 핵폭탄을 실은 우주선을 보내 궤도 변경을 시도할 계획이라고 밝혔다. 만약 베누가 지구와 충돌한다면 피해 규모는 상상할 수 없을 정도이다.

탐사선이 소행성과 충돌할 가능성이 낮은 것은 다행이지만 지구 근처의 소행성들을 파악하고 대비책을 세우는 것은 매우 중요하다. 우주여행을 마치고 지구로 귀환했을 때 지구가 소행성의 공격으로 폐허가 되어 있을 가능성도 없지 않기 때문이다. 해외여행을 마치고 집으로 돌아왔는데 화재로 집이 없어졌다면 얼마나 당황스러울까.

혜성과의 조우

●

대부분의 소행성들은 화성과 목성 궤도 사이에서 공전하고 있기 때문에 목성 궤도를 벗어나면 탐사선을 위협할 만한 천체를 만날 가능성은 희박하다. 토성과 같은 큰 행성을 제외하면 거의 빈 공간이다. 하지만 안심하기에는 아직 이르다. 태양계 외곽에서 날아온 혜성(comet)을 갑자기 만날 수도 있기 때문이다.

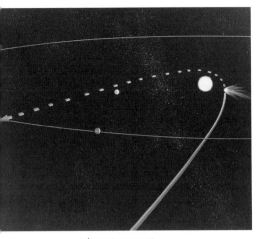

코후테크 혜성의 궤도

혜성은 태양계 가장자리에서 안쪽으로 날아와 큰 타원 궤도를 그리며 태양을 돌아 나가는데, 크기는 대략 수백 미터에서 수십 킬로미터로 소행성과 비슷하다. 하지만 공전궤도는 크게 다르다. 대부분의 소행성이 태양에서 2.2~3.3AU 떨어진 화성과 목성의 궤도 사이에 있지만 혜성은 해왕성 바깥의 카이퍼 벨트(Kuiper belt)나 태양에서 5만AU 이상 떨어진 오르트 구름(Oort cloud)에서 출발한 후 태양을 돌아 나가는 운동을 반복한다. 소행성이 서울 시내 순환선인 지하철 2호선이라면 혜성은 서울에서 부산을 왕복하는 경부선 열차와 같다.

혜성은 공전궤도뿐만 아니라 구성 물질과 겉모습도 소행성과 다르다. 대부분의 소행성은 탄소질 암석으로 이루어져 있어 반사율이 10퍼센트 이하로 어두운 천체이다. 혜성은 암석, 먼지, 물, 이산화탄소, 메탄 등이 섞여서 얼어 있는 상태로 반사율이 4퍼센트 이하에 불과해 소행성보다 훨씬 더 어둡다. 마치 숯의 표면과 비슷한 반사율을 가지고 있기 때문에 태양계 외곽에 있을 때는 존재감이 전혀 드러나지 않는다.

그러나 혜성은 태양에 가까워지면 자신의 방문을 널리 알리려는 듯 전혀 다른 모습으로 변한다. 혜성이 목성 궤도보다 안쪽으로 들어오면 태양열에 의해 얼어 있던 물과 먼지가 증발하면서 핵을 감싸는데, 이 가스 대기층을 코마(coma)라고 한다. 태양빛이 코마에 반사되면서 혜성은 카이퍼 벨트나 오르트 구름에 있을 때와 비교할 수 없을 정도로 밝아진다.

코마는 혜성이 태양에서 1.5~2AU인 지점을 지날 때 목성의 크기만큼 커지는데, 1811년에 나타난 대혜성(great comet)의 코마는 지름이 지구의 109배인 태양보다 더 컸을 것으로 추정된다. 크기가 큰 만큼 대혜성의 밝기도 일반 혜성보다 훨씬 밝아서 1965년에 나타난 이케야세키(Ikeya-Seki) 혜성과 2007년에 나타난 맥노트(McNaught) 혜성은 대낮에 맨눈으로 볼 수 있을 정도였다.

이케야세키 혜성 　　　　　 맥노트 혜성

사실 혜성과 다른 천체를 구분할 수 있는 가장 큰 특징은 꼬리이다. 흔히 패션의 완성은 얼굴이라고 하지만 혜성의 화려한 변신은 꼬리에서 완성된다. 혜성이 태양에 가까워지면서 방출하는 가스는 푸른색의 '이온꼬리'를 만들고 먼지와 얼음은 밝은 색의 '먼지꼬리'를 만든다. 혜성의 꼬리가 길어질 때는 1AU를 넘기도 하는데 1996년에 나타난 햐쿠타케(Hyakutake) 혜성의 꼬리는 무려 3.8AU에 달했다.

헤일 봅 혜성의 구조   햐쿠타케 혜성

긴 꼬리를 자랑하며 몇 달 동안 밤하늘을 가로지르는 혜성은 신비하고
아름답기 그지없다. 그러나 혜성의 정체가 밝혀지지 않았던 옛날에는 긴 꼬
리를 늘어뜨린 혜성이 갑자기 나타나면 사람들은 공포와 두려움에 빠져들
었다. 혜성의 출현은 기원전부터 관측되어왔으나 에드먼드 핼리(Edmond
Halley)가 핼리혜성의 주기(75.3년)를 처음 알아낸 1705년 이전까지는 전혀
예측할 수 없었다. 따라서 18세기 이전의 혜성은 무섭고 불길한 불청객에
지나지 않았다.

그리고 혜성이 출현할 때 암살, 전쟁, 반역과 같은 역사적 사건들이 우연
히 겹치면서 혜성에 대한 부정적인 인식을 강화시켰다. 예를 들면 기원전
44년 율리우스 카이사르(Gaius Julius Caesar)의 암살, 1066년 잉글랜드의
앵글로·색슨 왕조의 패망, 1456년 오스만제국의 헝가리 침략이 일어났을
때 핼리혜성이 출현했는데, 사람들은 이것이 핼리혜성의 저주 때문이라고
생각했다.

혜성에 대한 공포는 서양뿐만 아니라 동양에서도 마찬가지여서 신라시

대에 장보고가 암살당했을 때 혜성이 출현했다는 기록이 있으며 『조선왕조
실록』에도 혜성의 출현에 관한 기록이 많이 남아 있다. 핼리혜성이 나타났
던 1456년에는 단종을 복위시키려던 사육신의 역모가 발각되어 500~800
명이 처형되는 참극이 발생했다. 이때 주변의 밀고로 세조 앞에 잡혀 온 사
육신 성삼문은 "지금 혜성이 나타났기에 신은 거짓말하는 사람이 나올까
염려됩니다"라며 밀고자가 거짓말을 하고 있다고 주장하였다. 1607년에
다시 핼리혜성이 나타났는데, 혜성의 출현을 보고 받은 선조가 6개월 뒤에
승하하였다.

혜성에 대한 부정적인 인식이 자리 잡게 된 것은 혜성의 정체가 베일에
가려져 있었기 때문이라고 할 수 있으나 혜성의 실체가 어느 정도 밝혀진
이후에도 혜성에 대한 두려움은 완전히 가시지 않았다. 1910년에 핼리혜
성이 나타났을 때는 혜성의 꼬리에 독성 시안화합물(CN)이 들어 있다는 한
천문학자의 주장에 마스크와 약, 우산이 불티나게 팔리는 소동이 있었으며
1997년 헤일 봅(Hale Bopp) 혜성이 나타났을 때는 혜성의 뒤쪽에 외계인이
타고 온 우주선이 있다는 믿음에 사로잡힌 '천국의 문(Heaven's gate)' 신도
39명이 집단자살하는 사건이 미
국에서 발생하기도 했다.

1986년 핼리혜성이 76년 만
에 지구를 방문했을 때는 우주탐
사 역사상 최악의 사고가 일어났
다. 1986년 1월 NASA의 우주왕
복선 챌린저호가 발사되었으나

1910년의 핼리혜성

핼리혜성이 그려진 챌린저호 미션 패치

73초 만에 공중에서 폭발하여 승무원 전원이 사망하는 참사가 일어났다. 챌린저호의 임무 중에는 핼리혜성 관측도 포함되어 있었다. 이 사고로 2년 8개월 동안 우주왕복선의 운용이 중지되었다.

1986년은 안타까운 사고가 일어나기도 했지만 혜성 연구에 획기적인 진전이 있었던 해이기도 하다. 유럽우주국 탐사선 조토(Giotto)가 핼리혜성에 596킬로미터까지 접근해 최초로 혜성의 핵을 촬영했다. 에드먼드 핼리가 공전 주기를 알아낸 지 280여 년 만에 코마 안에 숨어 있던 핼리혜성이 민낯을 드러내는 순간이었다.

2005년 NASA는 유럽우주국보다 한 걸음 더 진보된 실험에 성공했다. 탐사선 딥임팩트(Deep Impact)호가 370킬로그램의 충돌기를 템플 1 혜성에 충돌시켜 혜성의 내부구조를 밝혀내는 프로젝트에 성공한 것이다. 이제는 혜성을 멀리서 관찰하던 단계를 넘어 직접 접촉하는 시대로 접어들었다.

조토가 찍은 핼리혜성의 핵

템플 1혜성과 충돌기가 부딪치기 직전의 상상도

이 충돌로 혜성 표면에 충돌 흔적이 생겼으며 5백만 킬로그램의 물과 10만
~25만 킬로그램의 먼지가 우주로 뿜어져 나왔다. 인간에게 공포와 경외심
의 대상이었던 혜성이 초상권을 침해당한 데 이어 주머니까지 털리는 수모
를 겪은 것이다.

혜성 탐사는 여기서 끝나지 않았다. 유럽우주국에서 발사한 탐사선 로제
타(Rosetta)호의 착륙선 필레(Philae)가 2014년 혜성 추류모프·게라시멘코
(Churyumov-Gerasimenko)의 표면에 착륙하는 데 성공했다. 필레는 드릴로
핵의 표면을 뚫어 성분을 분석하였다. 이제 혜성은 실험대 위에서 해부를
기다리는 시료에 지나지 않게 되었다.

등장 자체만으로 공포의 대상이었던 혜성은 가스와 먼지가 물과 뒤섞여
얼어 있는 '더러운 눈덩이(dirty snowball)'에 불과한, 초기 태양계의 잔해들
이라는 사실이 밝혀졌다. 전쟁을 일으키고 왕조를 바꿀 정도의 능력을 가지
고 있다고 보기에는 너무 초라하다. 그러나 혜성의 공포가 완전히 사라진
것은 아니다. 혜성이 태양으로 접근하거나 돌아 나가는 과정에서 행성들과
충돌할 가능성이 있기 때문이다.

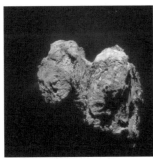 

추류모프·게라시멘코 혜성　　　　　추류모프·게라시멘코 혜성에 착륙한 필레

실제로 1994년 7월, 목성 근처를 지나던 슈메이커·레비(Shoemaker–Levy) 제9혜성이 목성 표면에 충돌하였으며 2014년 10월에는 사이딩 스프링(Siding Spring) 혜성이 화성 표면에서 13만 9500킬로미터 떨어진 지점을 지나면서 화성과 충돌할 뻔한 일이 있었다. 이 거리는 지구와 달 사이 거리의 36퍼센트에 불과한 것이다. NASA는 화성 탐사선들을 혜성의 먼지로부터 보호하기 위한 조치를 취하기도 했다.

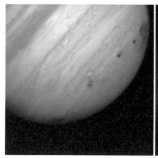

슈메이커·레비 혜성이 충돌한 흔적   화성을 스쳐 지나가는 사이딩 스프링 혜성

이와 같이 행성뿐만 아니라 탐사선도 우주공간에서 혜성과 마주칠 수 있다. 특히 혜성이 태양계 외곽에 있을 때는 코마나 꼬리가 형성되지 않기 때문에 발견하기가 쉽지 않다. 마치 어둠 속에서 검은 돌덩어리가 날아오는 것과 같다. 하지만 크게 걱정할 필요는 없다. 2018년 현재 알려진 혜성은 4000여 개 정도로 소행성의 0.5퍼센트에 불과하다. 매년 수십 개의 혜성이 새로 발견되고 있지만 우주탐사 도중 혜성을 만날 확률은 소행성대에서 소행성을 만날 확률보다 낮다. 오히려 우주공간에서 혜성을 만난다면 태양계 형성의 비밀을 풀 좋은 기회가 될 수도 있다.

우주선

●

　　　　　　　바이러스 감염으로 인한 사망자가 교통사고 사망자보다 많은 것처럼 때로는 눈에 보이지 않는 것이 눈에 보이는 것보다 더 치명적일 수 있다. 몇 미터 크기의 자동차는 눈에 잘 띄지만 0.1마이크로미터(㎛, 1마이크로미터=100만분의 1미터)의 바이러스는 몸속에 들어올 때까지도 알아채기 어렵다. 우주탐사 중에도 소행성이나 혜성보다 눈에 보이지 않는 작은 입자들이 더 위험할 수 있다.

　흔히 우주는 고요하고 텅 빈 공간이라고 생각하지만 고에너지 방사선인 우주선(cosmic ray)이 소행성이나 혜성보다 훨씬 빠른 속도로 날아다니고 있다. 우주선은 크게 태양계 밖에서 날아오는 은하 방사선(GCR, Galactic Cosmic Rays)과 태양에서 날아오는 태양풍(solar wind)으로 나눌 수 있다.

　고에너지의 양성자나 α입자(헬륨 원자핵)로 구성된 우주방사선은 현재까지 어디에서 날아오는지 명확하게 밝혀지지는 않았지만, 2013년 페르미 감마선 망원경의 관측에 따르면 초신성이 폭발할 때 발생한 고에너지 입자가 태양계까지 날아오는 것으로 추정된다.

　태양풍은 개기일식 때에 관측할 수 있는 태양의 상층대기인 코로나(corona)에서 날아오는 플라스마(plasma)로 양성자, 원자핵, 전자 등으로 구성되어 있다. 태양에서는 매초 10억 킬로그램 이상의 물질이 방출되는데, 이 물질을 22일 동안 모으면 화성의 위성인 데이모스(Deimos)의 질량과 같아지고 1억 5천만 년 동안 모으면 지구의 질량과 같아진다.

　우주선은 맨눈으로는 당연히 볼 수 없을 뿐만 아니라 일반적인 광학현미

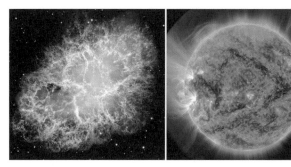

초신성 폭발의 잔해인 게성운   태양의 코로나

경으로도 관측할 수 없다. 그러나 보이지 않는 적이 더 무서운 법이다. 은하 방사선 중 초고에너지를 가진 입자 한 개는 세계 최대의 입자물리연구소인 유럽입자물리연구소(CERN)의 대형 강입자 충돌기(LHC)가 낼 수 있는 에너지의 4000만 배에 달한다. 이 입자의 에너지를 야구공으로 환산하면 90km/h의 속력으로 날아오는 야구공과 같다. 우주에 아무런 보호 장치 없이 장기간 체류할 경우 90km/h로 날아오는 무수히 많은 야구공으로부터 끊임없이 공격을 받게 된다.

태양풍도 마찬가지로 매우 위험하다. 태양풍의 속도는 300km/s에서 최고 750km/s에 이르고 온도는 무려 백만 도 이상이다. 이런 고에너지 대전입자(전기를 띤 입자)에 생명체가 노출될 경우 탈모, 출혈과 같은 표면적인 증상뿐만 아니라 세포막 파괴와 DNA 변형이 일어나 암이나 백혈병으로 사망에 이를 수도 있다. 그리고 정자, 난자와 같은 생식세포의 DNA에 변형이 일어나 돌연변이가 발생하면 후손에 그대로 유전된다.

방사선이 이렇게 위험하지만 아이러니하게도 방사선이 처음 알려졌을 때는 방사능 물질에서 방출되는 신비한 빛이 인체에 이롭고 건강을 되찾아 준다는 인식이 퍼져 라듐이나 토륨과 같이 방사능 물질이 함유된 초콜릿이나 치약, 손 세정제 등이 판매되기도 했다.

라듐 초콜릿

라듐 손 세정제

우주선은 인류가 지구에 나타나기 훨씬 이전부터 날아왔지만 존재를 알게 된 것은 불과 100여 년 전이다. 그렇다면 그동안 지구상의 생명체는 비처럼 쏟아지는 우주선의 공격으로부터 어떻게 살아남았을까? 그 이유는 지구의 자기장과 대기 때문이다. 지구의 자기장은 지구를 향해 날아오는 우주선을 지구 상공 1000~60000킬로미터의 밴앨런대(Van Allen radiation belt)에 잡아놓는다. 마치 입자들을 촘촘한 그물 안에 가두어놓은 것과 같다.

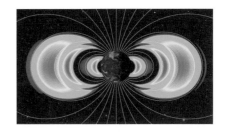

밴앨런대

지구 외부로부터 날아오는 대전입자를 막아주는 또 하나의 방어막은 지구의 대기이다. 지구로 날아오는 양성자는 지구 대기의 산소와 질소에 충돌한 후 중간자나 중성자와 같은 입자로 붕괴된다. 중간자나 중성자도 다른 공기 분자들과 충돌하면서 에너지를 잃고 공기에 흡수되거나 뮤온(muon)과 같은 입자로 바뀌어 지면에 도달한다. 이처럼 지구의 자기장과 대기는 지구를 향해 쏟아지는 방사선을 막아주는 최전방 사수이다. 눈에 보이지 않는 방패가 눈에 보이지 않는 적을 막고 있는 셈이다.

지구를 지키는 눈에 보이지 않는 방어막 덕분에 지구상의 생명체는 오늘도 안전하게 일상생활을 할 수 있지만 지구를 떠나 우주공간에 있을 때는 얘기가 달라진다. 자기장이나 대기와 같은 방어막이 없기 때문에 벌거벗은 채로 화살이 쏟아지는 전장에 서 있는 것과 같다. 이 때문에 1969년 인류 최초로 달에 착륙한 유인우주선 아폴로 11호는 현재까지도 조작설에 휩싸여 있다. 1960년대의 방사선 차폐 기술로 고에너지 대전입자들이 가득 차있는 밴앨런대를 어떻게 통과했느냐는 것이다.

사실 밴앨런대의 대전입자들은 대부분 투과력이 낮은 양성자와 α입자(헬륨의 원자핵), β입자(전자) 들이기 때문에 얇은 알루미늄판으로도 막을 수 있다. 피부 투과율도 5밀리미터 이하이다. 방사선 중 γ선이 가장 투과력이 높고 위험하지만 우주방사선의 γ선 비중은 높지 않다. 거기다가 1958년에 이미 밴앨런대의 존재가 알려졌기 때문에 강력한 방사선대를 피해서 안전한 궤도로 달까지 갈 수 있었다. 아폴로 11호보다 더 먼저 생명체를 싣고 달에 다녀온 탐사선도 있다. 1968년 9월에 최초로 달 주위를 선회한 소련의 우주선 존드(Zond) 5호에 거북이, 파리, 벌레, 식물, 씨앗, 박테리아 등과 같은 생명체를 태워 보냈는데, 8일 만에 무사히 지구로 돌아왔다.

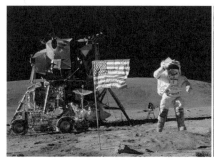

달에 착륙한 아폴로 16호 착륙선　　　　달 탐사를 마치고 귀환한 존드 5호

따라서 지구에서 밴앨런대를 통과해 달을 왕복하는 정도의 우주탐사로는 심각한 방사선의 피해를 입지 않을 수 있다. 밴앨런대 통과보다 더 큰 문제는 달에 착륙한 이후나 달보다 더 먼 궤도로 장기간 탐사를 갈 때다. 달에는 자기장이나 대기가 없기 때문에 착륙한 이후에 태양 폭발이나 대규모 태양풍이 덮칠 경우에 치명적인 위험에 빠질 수 있다.

다행히 아폴로호가 달 탐사를 하던 중에는 대규모 태양 폭발이 없었다. 아폴로 11호 우주인들이 우주공간에 머물렀던 시간은 약 8일인데, 이 기간 동안 우주인들이 받은 방사선량은 약 2밀리시버트(mSv)로 흉부 X선 촬영 시 받는 방사선량의 30퍼센트 정도다. 그러나 지구에서 가장 가까운 화성까지는 6개월 이상이 걸린다. NASA 연구원 캐리 자이틀린(Cary Zeitlin)에 의하면 화성 여행 시에 1000밀리시버트의 방사선에 노출되는데 이는 전신 CT 사진을 5~6일마다 한 번씩 찍는 것과 같다고 한다.

이처럼 장기간의 우주여행은 방사선에 의한 치명적인 피해를 입을 수 있다. 화성보다 훨씬 가까운 지상 350킬로미터에서 수개월 동안 생활하는 국제우주정거장 승무원들도 우주유영 시에 지표의 약 27배에 해당하는 방사선에 피폭되고 방사선으로 인해 구토를 일으키기도 한다. 우주왕복선 챌린저호 승무원은 잠을 자려고 눈을 감으면 방사선이 망막에 부딪혀 섬광이 나타나는 경험을 했다고 한다.

2018년 3월 미국 NASA는 국제우주정거장에서 340일간 머물다 귀환한 스콧 켈리(Scott Kelly)와 지구에 머물렀던 일란성 쌍둥이 마크 켈리(Mark Kelly)의 DNA를 비교한 끝에 스콧의 DNA에 변형이 일어난 사실을 확인했다. 스콧의 DNA는 우주비행 전에 비해 7퍼센트가량 변형되었다. NASA는 스콧의 DNA에 영향을 준 요인 중의 하나로 우주방사선을 꼽았다. 장기간의 우주여행에서 방사선에 대한 대비를 하지 않을 경우 심각한 위험을 초래할 수 있음을 보여준 예이다.

마크 켈리(왼쪽)와 스콧 켈리

1995년 NASA와 유럽우주국이 발사한 SOHO(Solar and Heliospheric

우주날씨 예보(출처: 미국 우주기상예보센터 웹사이트)

Observatory) 탐사선은 태양풍을 관측하여 실시간으로 우주날씨를 예보한다. 지구의 일기예보가 온도, 풍속 등의 변화를 미리 알려주듯이 우주날씨는 태양전파 환경(R), 태양방사선 환경(S), 지자기폭풍 환경(G) 등의 변화를 미리 알려준다. 앞으로 텔레비전 뉴스에 지구의 날씨와 더불어 우주의 날씨를 매일 예보할 날도 머지않은 듯하다.

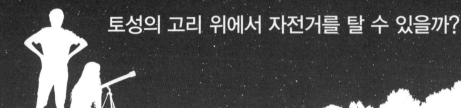

토성의 고리 위에서 자전거를 탈 수 있을까?

자전거 도로와 토성의 고리

토성은 태양계의 여덟 행성 중 가장 눈에 띄는 독특한 외모를 가지고 있다. 다른 행성들은 단순한 구형이지만 토성은 귀부인의 모자와 같은 우아한 고리를 가지고 있다. 목성, 천왕성, 해왕성도 고리를 가지고 있지만 토성과는 비교가 불가능하다. 토성이 태양계의 랜드마크로 손색이 없는 이유도 바로 다른 행성과는 차원이 다른 매혹적인 고리를 가지고 있기 때문이다.

탐사선 카시니호가 찍은 토성의 사진에서 고리를 보면 레코드판처럼 보이기도 하고 커다란 자전거 원형 트랙인 벨로드롬(velodrome)처럼 보이기

카시니호가 찍은 토성

136

레코드판

벨로드롬

도 한다. 경사가 없는 평면이기 때문에 자전거를 타기에는 벨로드롬보다 더 좋아 보인다. 태양이 비치지 않는 반대편에 조명만 설치한다면 환상적인 자전거 도로가 될 듯하다. 토성의 아름다운 모습을 바라보며 매끄러운 고리 위에서 자전거 페달을 밟는다면 지구의 어느 경기장에서 자전거를 탈 때보다도 환상적일 것이다.

토성의 고리 위에서 자전거를 타는 것이 허황된 꿈처럼 보일 수도 있으나 전혀 실현 불가능한 일은 아니다. 인간은 이미 지상 350킬로미터에 상주하고 있으며, 달을 탐사했을 뿐만 아니라 토성에 탐사선도 보냈기 때문이다.

일본 닌텐도(Nintendo)사의 마리오 카트(Mario cart) 게임에 나오는 무지개 로드에는 이미 우리가 상상하는 장면이 나온다. 미지의 혹성 주위를 둘러싼 화려한 무지개색의 길을 따라 신나는 레이싱을 펼치면서 다른 사람을 추월하기도 하고 조종을 잘못해서 길 밖으로 떨어지기도 한다. 토성의 고리가 게임에 나오는 무지개 로드처럼 화려하지는 않지만 실제로 고리 위에서 레이싱을 펼칠 수 있다면 게임 못지않은 스릴과 지구의 어떤 테마파크에서도 느낄 수 없는 짜릿함을 맛볼 수 있을 것이다. 그리고 '토성 고리 자전거 레이싱 여행'과 같은 신종 우주여행 상품이 등장할지도 모른다.

토성 고리 위에서 자전거 타기

　현재로서는 터무니없어 보이는 '토성 고리 위에서 자전거 타기'는 정말
실현 가능한 것일까? 무턱대고 자전거를 가지고 토성으로 떠나는 것은 너
무 무모하다. 가기 전에 토성의 고리에 대하여 좀 더 알아볼 필요가 있다.

고리의 비밀

　역사적으로 토성의 고리를 처음 발견한 사람은 갈릴레오 갈릴레이
(Galileo Galilei)로 알려져 있다. 갈릴레이는 1610년 망원경으로 토성을 관
측하다가 토성의 옆에 무엇인가 붙어 있는 것을 발견했다. 갈릴레이는 이것
을 토성의 고리라고 생각하지 못하고 '귀'나 '손잡이'로 생각했다. 갈릴레이
는 6년 뒤에 다시 토성을 관측했지만 여전히 고리라는 생각은 하지 못하고
토성에 큰 '팔'이 붙어 있다고 생각했다. 안타깝게도 갈릴레이는 죽을 때까

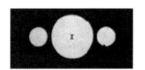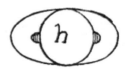

갈릴레이가 1610년, 1616년, 1623년에 그린 토성의 고리

지 토성에 붙어 있는 것이 고리라는 사실을 몰랐지만 그가 최초로 토성의 고리를 관측했다는 사실은 변하지 않는다.

토성에 붙어 있는 것이 고리라는 사실을 처음 알아낸 사람은 네덜란드의 천문학자 크리스티안 하위헌스(Christiaan Huygens)이다. 하위헌스는 1665년 손수 제작한 50배율의 망원경으로 갈릴레이가 귀나 팔이라고 생각했던 것이 토성의 고리라는 사실을 밝혀냈고 토성의 위성인 타이탄도 발견했다. 이후 1666년 영국의 과학자 로버트 후크(Robert Hooke)가 토성과 고리에 드리워진 그림자까지 관측하면서 토성의 고리는 더욱 더 명확해졌다.

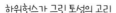

하위헌스가 그린 토성의 고리

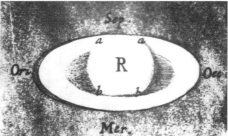

1666년 후크가 그린 토성

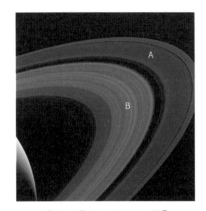

A고리와 B고리 사이의 카시니 간극

그리고 1675년 프랑스 파리천문대의 천문대장 조반니 도메니코 카시니(Giovanni Domenico Cassini)는 토성의 고리가 연속적으로 이어진 하나의 원판이 아니라 두 개로 나누어져 있다는 사실을 밝혀냈다. 카시니가 발견한 두 고리 사이의 경계를 '카시니 간극'이라고 한다. 카시니는 이외에도 토성의 위성 4개를 발견했다.

하위헌스와 카시니가 토성의 비밀을 푸는 데 크게 기여한 공로를 기리기 위해 NASA와 유럽우주국은 1997년 발사한 토성 탐사선에 카시니·하위헌스라는 이름을 붙였다. 호랑이는 죽어서 가죽을 남기고 천문학자는 죽은 후

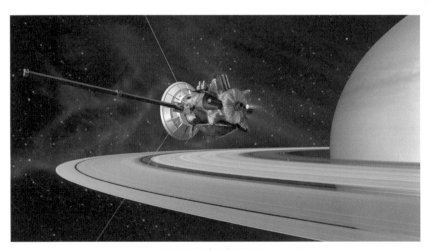

카시니·하위헌스호의 상상도

탐사선을 남겼다. 궤도선 카시니와 착륙선 하위헌스로 이루어진 카시니·하위헌스호는 2004년 토성 궤도에 성공적으로 진입하여 토성을 공전한 최초의 탐사선이 되었으며 하위헌스호는 타이탄의 표면에 착륙하는 데 성공했다. 2017년 9월 15일, 13년간의 토성 탐사를 성공적으로 마친 카시니호는 토성 표면으로 다이빙하는 '그랜드 피날레(Grand Finale)' 임무를 완수하며 토성 상공 653킬로미터 지점에서 소멸하였다.

추락 주의! 여러 개의 간극들

1970년대 이후 본격적인 외행성 탐사가 이루어지면서 토성의 고리들 사이에 여러 개의 간극이 있다는 것이 밝혀졌다. 고리는 발견된 순서에 따라 A, B, C, D, E, F, G로 부르는데, 밀도가 가장 큰 A, B, C 고리의 폭(5만 7600킬로미터)은 지구 지름의 4.5배에 이르지만 두께는 100미터 미만이다. 비율상 A4 용지보다 더 얇은 구조다.

카시니가 발견한 A고리와 B고리 사이의 '카시니 간극'은 넓이가 무려 4600킬로미터 정도로 지구 반지름의 4분의 3이나 된다. 토성 고리의 간극은 카시니 간극 이외에도 '로슈 간극', '콜롬보 간극', '맥스웰 간극' 등 여러 개가 있다. 이 간극들은 자전거를 타는 데 걸림돌이 될 수 있다. 잘못해서 간극에 빠지면 마리오 카트의 무지개 로드처럼 경로를 이탈해 추락하는 끔찍한 일이 일어날 수 있으니 간극 근처에는 교통표지판을 반드시 세워야 할 것 같다. '추락 주의. 카시니 간극 넓이 4600킬로미터!'

고리의 간극은 A고리에서 약 5만 킬로미터 떨어진 곳에 있는 작은 위성 미마스(Mimas)와 관련이 있다. 미마스가 토성을 한 바퀴 도는 데 걸리는 시

토성의 위성 미마스

간(공전주기)은 22.6시간이다. 만약 카시니 간극에 있는 물체가 토성 주위를 공전하고 있다고 가정할 때, 그 물체의 공전주기를 케플러 제3법칙(공전주기의 제곱은 공전궤도 반지름의 세제곱에 비례한다)으로 계산해보면 11.3시간이다. 즉 미마스 위성이 토성을 한 바퀴 돌면 카시니 간극에 있는 물체는 두 바퀴를 돈다. 궤도공명(orbital resonance)이

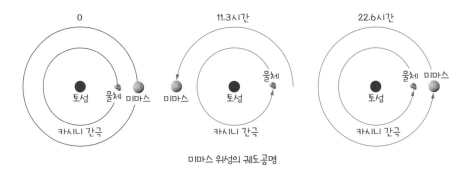

미마스 위성의 궤도공명

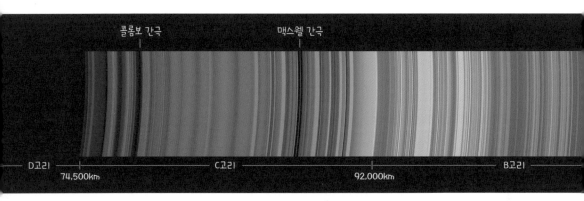

토성 고리의 간극들

라고 하는 이 현상 때문에 미마스 위성과 카시니 간극에 있는 물체는 22.6 시간마다 최단 거리로 가까워지고, 만유인력에 의해 질량이 상대적으로 큰 미마스 위성이 카시니 간극에서 돌고 있는 물체를 주기적으로 잡아당기게 된다. 그 결과 카시니 간극에는 아무것도 존재하지 않게 되었다. 미마스 위성은 이외에도 B고리와 C고리 사이의 경계 부분과 3:1의 궤도공명을 하고, G고리와는 7:6의 궤도공명을 하고 있어 여러 개의 간극을 만들었다.

멀리서 볼 때는 벨로드롬처럼 매끈하던 토성의 고리에 여러 개의 간극이 있다는 사실을 알고 나니 조금 아쉬운 생각이 든다. 하지만 자전거를 타기에는 큰 문제가 없을 것이다. 가장 폭이 좁은 F고리의 폭도 30~500킬로미터에 이르기 때문에 가장자리로 가지 않는다면 간극에 빠질 염려는 없다. 그래도 불안하다면 폭이 30만 킬로미터로 가장 넓은 E고리에서 타는 것을 추천한다. 이제 토성의 고리 위에서 자전거 레이싱을 펼치는 것은 시간문제인 듯하다.

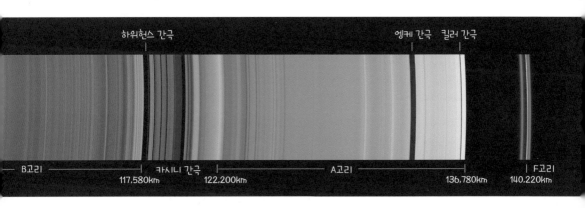

토성 고리 위 자전거 레이싱

토성 고리의 성분

마지막으로 고리에 가깝게 접근해서 표면의 상태를 점검하고 어떤 자전거가 가장 적합한지 알아볼 차례이다. 멀리서 본 것처럼 매끄러운 상태라면 일반 자전거로 레이싱을 해도 되지만 표면이 좀 거칠다면 산악용 자전거를 타는 것이 좋을 것 같다.

그러나 고리에 가깝게 접근하는 순간 실망스러우면서도 놀라운 모습이 나타났다. 벨로드롬 정도는 아니더라도 최소한 비포장도로 정도는 될 것이라고 생각했는데 예상을 뒤엎고 온통 얼음 조각과 작은 암석들뿐이다. 작은 것은 수 마이크로미터(μm)에서 큰 것은 수 미터 정도의 얼음과 암석 조각들이 토성 주위를 빠르게 돌고 있다. 귀부인의 모자처럼 우아해 보이던 고리가 이렇게 형편없는 모습이었다니 충격이다. 기대가 크면 실망도 큰 법이라는 옛말이 맞았다. 여기서는 아무리 좋은 자전거라도 엉덩이가 남아나지 않을 것 같다. 토성의 고리 위에서 환상적인 자전거 레이싱을 해보려던 꿈은 이대로 물거품이 되는 걸까?

그러나 아직 포기하기에는 이르다. 토성 고리의 얼음과 암석들은 멈춰 있는 것이 아니라 토성 주위를 빠른 속도로 돌고 있다. 따라서 암석들 사이로 자연스럽게 진입하기만 하면 된다. 자전거 페달을 밟을 필요도 없이 큰 암석에 자전거를 묶어놓기만 하면 저절로 토성을 돌게 된다. 물론 그 속도

로드스터와 스타맨

는 상상할 수 없을 정도로 빠르다. 카시니 간극 근처의 얼음 조각의 속도는 초속 18킬로미터로 총알 속도의 20배이다! 이 속도를 견딜 수만 있다면 초속 18킬로미터의 속도감을 느끼며 토성 주위를 돌 수 있다.

이런 일들이 아주 불가능하지 않다는 것을 보여준 일이 2018년 2월 6일 일어났다. 스페이스X가 세계 최고의 추력을 가진 팰컨 헤비(Falcon Heavy) 로켓에 전기자동차 로드스터(roadster)와 이 자동차를 운전하는 스타맨 (Starman)을 실어 우주공간으로 보낸 것이다.

물론 스타맨은 인간이 아니라 마네킹이다. 로드스터는 화성을 향해 날아간 후 그 너머에 있는 소행성대까지 갈 예정이다. 만약 로드스터가 토성까지 날아가서 토성의 고리 안으로 들어간다면 자연스럽게 토성의 고리 위에서 레이싱을 펼치게 되는 셈이 된다.

토성 고리 위에서 자전거 타기. 아마도 100년 뒤엔 비행기를 타고 미국을 가는 것처럼 쉬운 일이 될 수도 있다.

4

명왕성 찾아가기

우주에 존재하는 다양한 위험들을 파악하고 대처하는 것은 무엇보다 중요하다.

그러나 이런 위험들에 대한 대책을 세웠다고 해서 모든 문제가 해결된 것은 아니다.

명왕성은 지구에서 30AU나 떨어진 해왕성보다 더 멀리 있다.

지구에서 웬만한 성능의 망원경으로는 위치조차 찾을 수 없을 정도로 멀다.

이렇게 멀리 있는 명왕성을 찾아가는 것은 해외여행을 가는 것처럼 단순하지 않다.

이 장에서는 탐사선이 태양의 엄청난 중력을 이기고 명왕성에 도달하기 위해 필요한

기술에 대하여 알아보자. 그리고 명왕성에 이르는 동안 만나게 되는

태양계 행성들의 숨겨진 이야기를 들어보자.

플라이바이

●

　　　　　　　　하루 일과를 마치고 집으로 돌아올 때면 몸은 천근만근 무거워진다. 엎친 데 덮친 격으로 아파트 승강기가 갑자기 고장 나 걸어서 20층까지 올라가야 한다면 정말 짜증이 난다. 이처럼 높은 곳으로 올라갈 때 힘이 드는 까닭은 '중력(gravity)' 때문이다.

　중력은 우리 몸을 아주 무겁게 하기도 하지만 안정적인 삶을 이어갈 수 있도록 해주는 장치가 되기도 한다. 국제우주정거장의 우주인들은 러닝머신에서 운동을 할 때나 잠을 잘 때, 심지어 화장실에서 용변을 볼 때도 몸을 벨트로 고정시켜야 한다. 중력이 작용하지 않아 몸이 떠다니기 때문이다. 화장실의 용변도 진공청소기와 같은 특수장치로 처리해야 한다. 그렇지 않으면 공중에 이리저리 떠다닐 수 있다. 생각만 해도 끔찍한 일이다.

　한편으로 중력은 인간을 지구에 가두어놓는 족쇄이기도 하다. 그리스신화에 나오는 이카로스(Icaros)는 밀랍으로 새의 깃털을 몸에 붙이고 하늘을

이카로스 (헨드릭 골치우스 그림)

날아오르려다 태양열에 밀랍이 녹는 바람에 바다로 추락해서 죽고 말았다. 신화에서뿐만 아니라 현실에서도 인간은 지구의 중력에 예속된 노예다. 아무런 장치 없이 지구를 벗어나는 것은 사실상 불가능하다. 당장 운동장에 나가서 땅을 박차고 뛰어올라 보자. 1미터 이상을 벗어나기 힘들 것이다. 오직 사람의 힘만으로 점프를 하여 최고로 높이 올라간 것은 1.6미터에 불과하다.

그러나 인간은 도구를 사용할 줄 아는 동물이다. 20세기 들어 군사적 목적으로 개발된 로켓 기술이 비약적으로 발전하면서 지구의 품을 벗어나려는 인간의 도전이 끊임없이 이어졌다. 그리고 수많은 도전 끝에 1957년 10월 4일 소련에서 발사한 83.6킬로그램의 인공위성 스푸트니크(Sputnik) 1호가 지구 주위를 도는 데 성공했다. 스푸트니크 1호는 92일 동안 지구를 공전하면서 중력을 이긴 기쁨을 만끽했다.

12년 뒤인 1969년에는 미국의 아폴로(Apollo) 11호가 지구에서 38만 킬로미터나 떨어진 달에 착륙했는데, 여기에는 인간이 타고 있었다. 최초로 지구 생명체가 다른 천체에 발을 디딘 것이다. 이때 사용한 새턴(Saturn) V 로켓은 지구 저궤도(200~2000킬로미터)에 140톤의 화물을 실어 나를 수 있을 정도의 강력한 추력을 가졌다.

그 뒤로 지구의 중력을 이기려는 인간의 노력은 저비용 고효율의 방향으로 점점 진화되어 2018년 2월 스페이스X는 새턴 V 로켓 발사 비용의

10퍼센트에 불과한 비용으로 팰컨 헤비 로켓을 쏘아 올렸다. 2020년 이후 유인 달 탐사 계획을 가지고 있는 NASA의 새로운 우주 발사 시스템인 SLS(Space Launch System)의 대형 우주 발사체는 새턴 V 로켓보다 15퍼센트나 더 많은 화물을 지구 저궤도에 실어 나를 수 있다.

팰컨 헤비 로켓의 발사   대형 우주 발사체

　순수한 인간의 힘으로는 단 1미터를 뛰어오르는 것도 쉽지 않지만 로켓을 이용하면 수천 명의 사람을 한꺼번에 지구 밖으로 보낼 수 있다니 놀라울 따름이다. 이제 더 이상 지구는 인간을 붙잡아둘 수 없는 지경에 이르렀다. 지구의 힘이 빠진 것이 아니라 인간의 힘이 그만큼 커진 것이다. 현재 인간은 그동안 자신을 보살펴준 지구를 떠나 화성으로 이주하려는 계획을 진행하고 있다. 조만간 지구인의 새로운 거주지로 떠오르고 있는 화성에 대규모 이민자를 실어 나르고 포장 이삿짐을 운송할 날이 올 것이다.

　그러나 이런 강력한 로켓을 이용하더라도 화성을 넘어 외행성계로 나가는 것은 여전히 쉽지 않다. 그 이유는 바로 지구보다 더 강력한 태양의 중력 때문이다. 태양은 지구에 빛과 에너지를 제공하는 고마운 존재인 동시에 중력으로 속박하는 존재이기도 하다. 지구는 태양의 중력에 사로잡혀 태양으로부터 1억 5천만 킬로미터 떨어진 지점에서 끊임없이 태양 둘레를 공전하고 있다. 마치 대보름날 쥐불놀이처럼 태양은 눈에 보이지 않는 긴 줄로 지구를 묶어서 29.8km/s의 속력으로 돌리고 있는 것이다.

지구의 표면에서 지구의 중력을 벗어나기 위해서는 11.2km/s 이상의 속력이 필요하다. 태양의 중력을 이기고 외행성계로 나가기 위해서도 훨씬 더 큰 속력이 필요하다. 지구의 현재 위치에서 태양의 중력을 이기고 목성까지 가기 위해서는 37.9km/s, 명왕성까지 가기 위해서는 41.6km/s의 속력이 필요하다. 그리고 태양계를 완전히 벗어나기 위해서는 42.1km/s의 속력이 필요하다.

태양의 중력에 속박된 행성들

그러나 이 속력은 지구가 정지한 상태에서 계산된 속력이다. 지구는 실제로 30km/s 가까운 속력으로 공전하고 있기 때문에 명왕성에 가기 위한 초기속력은 대략 16.3km/s, 태양계 탈출속력은 16.7km/s이다. 우리는 이미 초속 30킬로미터로 달리는 회전목마에 타고 있는 셈이다.

2006년 1월 명왕성 탐사선 뉴허라이즌스는 고체 연료 부스터를 5개나 단 아틀라스(Atlas) V 로켓으로 발사되었다. 이전까지 고체 연료 부스터를 5개나 달고 발사된 로켓은 없었다. 강력한 로켓에 실린 뉴허라이즌스의 지구 탈출속력은 16.26km/s에 달했다. 뉴허라이즌스는 거의 명왕성 궤도에 근접할 수 있는 속력으로 출발한 것이다.

그러나 이보다 더 낮은 속력으로 발사된 파이어니어(Pioneer) 10, 11호와 보이저(Voyager) 1, 2호도 명왕성 궤도를 지나갔다. 이론적으로 명왕성

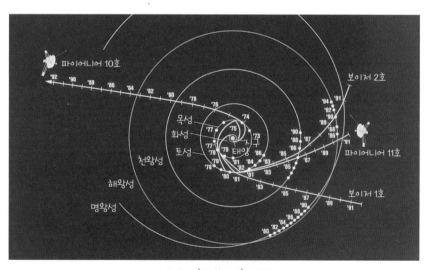

파이어니어호와 보이저호의 궤적

궤도에 도달할 수 없었던 탐사선들은 어떻게 태양계를 벗어날 수 있었을까? 해답은 목성에 있다. 이 탐사선들의 발사 목적 중 하나가 목성 탐사이기도 했지만 목성을 거치지 않으면 외행성계로 나갈 수 없었다. 탐사선들은 목성을 지나며 목성의 중력을 이용하여 속력을 높였다. 물체를 잡아당기는 중력을 이용하여 속력을 높인다는 것이 아이러니하지만 외행성계로 나가기 위해서는 필수적인 방법이다. '중력 어시스트(gravity assist)', '중력 슬링샷(gravity slingshot)', '스윙바이(swing-by)', '플라이바이(fly-by)' 등으로 불리는 이 방법은 탐사선이 행성에 접근할 때 행성의 중력에 의해 가속되는 원리를 이용하여 탐사선의 속력을 변화시키거나 방향을 바꾸는 것이다. 빠른 속력으로 달려오는 자동차에 올라탄 후 다시 뛰어내리면 자동차의 속력만큼 빨라지는 것과 같다. 한마디로 달리는 행성에 무임승차하는 것이다.

피겨스케이팅 페어 종목에서 이와 비슷한 원리를 찾을 수 있는데 남자선수가 달려오면서 반대편에서 달려오는 여자선수를 잡아서 회전시키면 여자선수의 속력은 남자선수의 속력이 더해져 증가하게 된다. 남자선수가 여자선수를 플라이바이시키는 것이다.

1973년 최초로 목성을 넘어 외행성계로 나간 파이어니어 10호는 목성

피겨스케이팅에서의 플라이바이

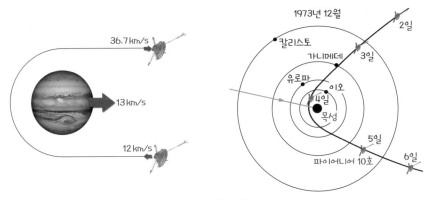

파이어니어 10호의 목성 플라이바이

에 12km/s의 속력으로 접근한 후 13km/s의 속력으로 공전하던 목성의 중력을 이용하여 36.7km/s로 속력을 증가시킨 후 목성을 벗어났다. 에너지보존법칙에 따라 목성의 속력이 줄어들겠지만 탐사선과 목성의 질량 차이가 크기 때문에 무시할 수 있다. 목성 덕분에 태양계 바깥 구경을 하게 된 파이어니어 10호는 현재 오르트 구름을 지나고 있는 것으로 추정된다.

　파이어니어호의 뒤를 이어 목성을 지나간 보이저 1, 2호 역시 목성의 도움을 받아 20.6km/s의 속도를 추가로 얻었으며 목성을 벗어날 때 속력은 35km/s 이상이 되었다. 보이저 1호는 2012년 8월 태양계를 벗어나 성간 공간으로 진입한 상태로 인간이 만든 물체 중 지구에서 가장 멀리 떨어져 있다. 1997년 발사된 토성 탐사선 카시니호는 금성을 2회, 지구를 1회, 목성을 1회 플라이바이한 후 토성에 도달할 수 있었다. 이처럼 목성은 초고속 제트여객기를 타기 위한 국제공항과 같다. 외행성계로 나가기 위해서는 반드시 거쳐야 하는 관문이지만 태양계 행성의 만형답게 이용료는 무료이다.

플라이바이를 처음 성공한 것은 1957년 소련의 달 탐사선 루나 3호이다. 루나 3호는 달의 남극으로 진입한 후 달의 중력을 이용하여 달의 뒷면을 선회하였다. 그리고 북극으로 돌아 나오면서 최초로 달 뒷면의 사진을 찍었다.

행성을 이용한 플라이바이는 1961년 미국의 UCLA 대학원생 마이클 미노비치(Michael A. Minovitch)가 고안해냈다. 미노비치는 목성 근처를 지나던 혜성의 궤도가 변하는 것을 보고 탐사선도 목성의 중력을 이용해 에너지를 얻을 수 있음을 생각해냈다. 미노비치가 이 방법을 고안하지 않았다면 외행성 탐사를 위해 큰 추력을 가진 로켓을 개발하기 위해 엄청난 비용을 들였거나 많은 연료를 싣고 가야 했을 것이다. 뉴허라이즌스의 경우 단 77킬로그램의 연료를 싣고 명왕성까지 날아갔다. 초기속력이 크기도 했지만 목성의 중력을 이용한 플라이바이로 속력을 초속 4킬로미터가량 증가시킨 것이 큰 역할을 했다. 이 플라이바이로 뉴허라이즌스는 명왕성에 도달하는 시간을 3년 단축시켰다.

플라이바이는 외행성계 탐사뿐만 아니라 지구 안쪽의 행성이나 혜성의 탐사에서도 중요한 역할을 한다. 1973년 수성을 탐사한 매리너(Mariner) 10호는 금성을 플라이바이해 수성에 도달하였다. 이것은 행성을 이용한 최초의 플라이바이였다. 2004년 두 번째 수성 탐사선 메신저(Messenger)호는 지구를 1회, 금성을 2회, 수성을 3회 플라이바이한 후 수성에 도착했다. 이렇게 여러 번의 플라이바이를 하는 이유는 탐사선의 속력을 줄이기 위해서이다. 수성은 중력이 작기 때문에 탐사선의 속력이 빠를 경우 수성의 중력장에 진입할 수 없다. 따라서 여러 번의 플라이바이를 통해 속도를 줄이는 것이다.

　2004년 발사된 혜성 탐사선 로제타호는 10년 동안 6번의 플라이바이를 통해 2014년 추류모프·게라시멘코 혜성에 착륙하였다. 혜성의 속력이 무려 38km/s였기 때문에 플라이바이를 하지 않았다면 혜성을 따라잡기 위해 엄청난 연료가 필요했을 것이다.

수성을 탐사 중인 메신저호

　영화 「마션」에는 화성 기지에 낙오된 동료를 구하기 위해 지구로 귀환하던 헤르메스호가 지구를 플라이바이하여 다시 화성으로 돌아가 동료를 구한다는 그야말로 영화 같은 이야기가 등장한다. 사실 플라이바이는 행성의 위치가 적절해야 하며 고도의 계산이 필요하기 때문에 영화에 나오는 것처럼 단 한 번의 플라이바이로 화성에 도착하기는 쉽지 않다. 영화는 영화로만 봐야 할 것 같다.

　가까운 미래에 우주여행이 실현될 가능성은 매우 높다. 이 경우 행성들을 징검다리처럼 이용하는 플라이바이는 우주여행의 필수적인 요소가 될 것이다. 우주여행 계획을 짤 때 행성들의 위치를 잘 파악하여 플라이바이를 이용한다면 여행 경비와 시간을 획기적으로 줄일 수 있을 것이다. 미래에는 최단시간에 목적지에 도달할 수 있도록 플라이바이를 설계해주는 우주여행 플래너가 새로운 직업으로 등장하지 않을까?

행성들의 숨겨진 이야기

●

열탕과 냉탕 사이: 수성

수성은 태양과 가장 가까이에 있는 행성이다. 태양에 가까이 갈 때는 최고 4600만 킬로미터까지 접근한다. 이 거리는 지구와 태양 사이 거리의 30퍼센트에 불과하다. 태양으로부터 1억 5천만 킬로미터 떨어져 있는 지구도 한여름에는 무더위로 시달리는데 수성은 얼마나 더울까? 실제로 수성의 한낮 온도는 섭씨 430도에 이른다. 430도는 납과 아연을 녹일 수 있는 온도이다. 그야말로 용광로다. 그러나 밤이 되면 사정이 달라진다. 밤에는 영하 180도까지 온도가 떨어진다. 일교차가 무려 610도에 이른다. 이렇게 큰 온도차가 발생하는 이유는 수성의 중력이 너무 작아서 대기를 잡아둘 수 없기 때문이다. 따라서 대기에 의한 온실효과가 없어 해가 뜨면 열탕이 되고 해가 지면 냉탕이 된다.

수성은 태양계 행성 중 가장 작다. 지구 반지름의 약 38퍼센트에 불과하다. 심지어 목성의 위성인 가니메데나 토성의 위성인 타이탄보다 더 작다. 위성보다 더 작은 행성. 굴욕적이다. 그러나 내면을 들여다보면 얘기가 달라진다. 밀도가 $5.4g/cm^3$로 지구에 이어 두 번째이지만 지구의 중력 수축 효과를 제외하면 태양계 행성 중 밀도가 가장 크다. 철의 함량이 풍부한 핵이 반지름의 약 80퍼센트를 차지한다. 가장 작지만 가장 단단하다. 작은 고추가 매운 셈이다.

더욱이 수성은 태양계 행성 중 가장 날쌔다. 최고 공전속력이 60km/s로 지구의 두 배가량 된다. 이렇게 빠르다 보니 공전주기가 작다. 태양 주위를 한 바퀴 도는 데 88일밖에 걸리지 않는다. 지구에서 3개월이 수성에서는 1년이 된다. 지구에서 한 살을 먹을 때 수성에서는 네 살이 되는 셈이다. 나이를 빨리 먹고

메신저호가 찍은 수성

싶으면 수성으로 이사를 가면 된다. 물론 600도가 넘는 일교차를 견뎌내야 한다.

수성이 이렇게 빨리 도는 데는 안타까운 사연이 있다. 태양이 어마어마한 중력으로 수성을 잡아당기기 때문에 빨리 돌지 않으면 태양으로 추락하고 만다. 홍염이 끊임없이 날름거리는 불구덩이로 떨어지지 않기 위해 쉬지 않고 열심히 달려야 하는 것이다. 수성의 공전주기는 88일로 짧은 데 비해 자전주기는 무려 58.6일이다. 1회 공전할 때 1.5회 자전한다. 공전과 자전이 동시에 이루어지기 때문에 해가 뜨고 나서 176일 만에 다시 해가 뜬다. 결국 수성의 하루는 2년이 되는 셈이며 하루에 두 살을 먹게 된다. 오전과 오후의 나이가 다르다.

수성은 공전속도가 매우 빠르고 중력은 지구의 37.7퍼센트에 불과해 탐사가 어려운 행성이다. 수성을 처음 방문한 탐사선은 1973년 발사된 매리너 10호이고, 두 번째 탐사선은 2004년 발사된 메신저호이다. 메신저호는

2011년 수성의 중력장에 진입하는 데 성공해 수성을 공전하기 시작했다. 수성도 위성을 가지게 된 셈이다. 메신저호는 수성을 4104회 공전하며 10테라바이트의 사진을 전송해 수성의 지도를 완성했다. 2015년 연료가 고갈된 메신저호는 수성 표면에 충돌하며 마지막 임무를 마쳤다. 수성은 다시 혼자가 되었다.

가면 뒤에 숨겨진 지옥의 얼굴: 금성

태양계 행성들의 크기는 제각각이지만 그중 지구와 가장 비슷한 행성은 금성이다. 지름은 지구의 95퍼센트이고 표면적은 90퍼센트, 질량은 81.5퍼센트 정도이므로 지구의 동생쯤 되는 행성이다. 거기다가 중력도 지구의 0.9배이고 지구와의 거리도 가장 근접할 경우 약 4000만 킬로미터로 화성보다 가깝다. 만약 지구인들이 다른 행성으로 이주해서 살 경우 외형으로만 비교하면 금성이 가장 이질감이 적을 것이다. 그러나 당분간 금성은 인류의 거주지로 적당하지 않다. 금성은 대기가 존재하기 때문에 수성처럼 일교차가 몇백 도에 이르지 않는다. 하지만 표면의 평균기온은 섭씨 450도가 넘는다. 수성보다 더 뜨겁다. 거기다가 표면기압은 무려 90기압이 넘는다. 지구의 바닷속 800미터에서 받는 수압과 같다. 금성은 겉모습만 지구와 비슷할 뿐 실제 환경은 정반대이다.

금성이 이렇게 열악한 환경이 된 것은 대기 성분의 96.5퍼센트가 이산화탄소로 이루어져 있기 때문이다. 대표적인 온실기체인 이산화탄소 덕분에 금성 표면에서 복사되는 에너지는 밖으로 빠져나오지 못하고 금성의 온도를 태양계 행성 중 가장 높게 만들었다. 이산화탄소 위로는 이산화황과 황산이 두꺼운 구름층을 형성하고 있다. 가스 구름층은 햇빛의 60퍼센트를 표면에서 반사시킨다. 이 때문에 금성은 밤하늘에서 달을 제외하고 가장 밝은 천체이지만 가시광선으로 표면을 관측할 수 없다. 초저녁이나 새벽녘에 밝게 빛을 내 우리

마젤란호가 찍은 금성

나라에서는 '샛별'이라 불리고 서양에서는 '비너스(Venus)'라는 아름다운 이름으로 불리지만 두꺼운 독성가스 가면 뒤에 숨겨진 금성의 진짜 얼굴은 섭씨 450도, 90기압의 지옥 그 자체이다.

그러나 금성이 원래부터 이렇게 열악한 환경이었던 것은 아니다. 현재도 표면에서 50킬로미터 상공의 온도는 섭씨 30도이고 압력은 1기압이다. 지구의 환경과 크게 다르지 않다. 과학자들은 30억 년 전의 금성이 평균 온도가 섭씨 15도 정도이고 풍부한 바닷물이 있는 환경이었을 것으로 추정한다. 그러나 지구와 다르게 자전주기가 243일로 자전속도가 매우 느리다. 따라서 한 곳에 햇볕이 집중적으로 내리쬐면서 바닷물이 모두 증발해 극단적인 온실효과가 진행된 것으로 보고 있다. 금성의 과거 환경이 지구와 비슷했다면 생명체가 존재했을 가능성도 있다. 최근 관측에 의하면 금성의 구름 속에 검은색 줄무늬가 발견되었는데 이것이 미생물의 흔적일 수 있다는 주장이 제기되고 있다.

금성은 자전주기가 243일지만 공전주기는 225일이다. 따라서 하루가 1년보다 더 길 것 같지만 하루는 117일이다. 그 이유는 자전 방향이 시계 방향으로 공전 방향과 반대이기 때문이다. 금성의 자전 방향이 다른 행성과 다르게 반대로 돌게 된 것은 소행성과의 충돌 때문인 것으로 추정하고 있다.

높은 온도와 기압, 독성가스 구름과 같은 극한 환경 때문에 금성에 대한 탐사는 화성만큼 활발하지 못하다. 1961년과 1962년 소련과 미국에서 탐사선을 발사했지만 모두 실패했다. 1967년 소련의 베네라(Venera) 4호는 금성 대기권에 진입했으나 24킬로미터 상공에서 고압으로 인해 폭발했다. 1970년 베네라 7호가 최초로 금성 표면에 착륙했지만 35분 만에 통신이 두절되었다. 금성은 가면을 벗기려는 인간의 접근을 별로 달가워하지 않는 것 같다.

식민지 행성 건설의 꿈: 화성

태양계 행성 중 가장 관심이 높은 탓에 탐사선도 가장 많이 보냈지만 화성의 겉모습은 그렇게 친근하지 않다. 토양에 함유된 다량의 산화철 때문에 붉은색을 띤다. 화성이 火星이 된 이유다. 서양에서는 로마신화에 나오는 전쟁의 신 마르스(Mars)의 이름을 붙였다. 겉으로 보면 한창 전쟁이 일어나고 있는 것처럼 보인다. 이런 이유로 화성은 많은 공상과학소설이나 영화의 소재로 쓰였다. 소설가 허버트 웰스(Herbert G. Wells)의 소설『우주전쟁』에는 화성인이 지구를 침공하여 지구인을 잡아먹는다는 내용이 나온다. 1938년 영화감독 오손 웰스(Orson Welles)가 이 소설을 모티프로 한 라디오 드라마 「화성인의 침공」을 방송했는데 드라마 속에 등장하는 뉴스 속보를 실제 상황으로 오인한 120만 명의 청취자가 대피하는 소동이 일어나기도 했다. 1895년 화성에 인공수로가 있다는 퍼시벌 로웰의 주장으로 시작된 화성인에 대한 공포심은 1976년 바이킹 1호가 화성에 착륙하면서 끝이 났다. 현재까지는 미생물 한

바이킹호가 찍은 화성

마리도 발견하지 못했다. 다만 2015년, 지표 아래에서 액체 소금물이 발견되고 2018년 토양에서는 유기물이, 대기에서는 메탄이 발견되면서 과거에 미생물이 살았거나 현재에도 어딘가에 살고 있을 가능성이 있는 것으로 조심스럽게 추측하고 있다.

실제 화성은 겉보기보다 열악한 환경은 아니다. 일단 최고온도는 섭씨 20도 정도로 지구와 비슷하다. 최저온도가 영하 140도로 낮지만 지구형 행성 중에서 지구를 제외하고 가장 양호한 편이다. 대기의 96퍼센트를 이산화탄소가 차지하고 있고 그 외 질소, 아르곤과 미량의 산소가 있다. 이산화탄소로 이루어진 대기 때문에 지옥의 행성 금성을 떠올릴 수 있으나 기압이 지구의 0.01퍼센트에 불과해 금성과는 전혀 다르다. 겉모습은 '비너스'지만 표면에 착륙하는 순간 모든 것을 녹여버리는 두 얼굴의 금성보다 훨씬 인간적이다. 사람이나 행성이나 역시 겉모습만 보고 판단해서는 안 된다.

화성은 인간이 거주할 수 있는 행성 후보 중 첫째로 꼽힌다. 실제로 미국 NASA는 우주왕복선을 대체할 최대 탑승 인원 4명의 오리온 유인우주선을 개발하고 있는데, 앞으로 무인 시험 비행과 유인 달 궤도 탐사에 이어 화성에 유인우주선을 보내는 장기적인 프로젝트를 진행하고 있다. 민간 우주기업 스페이스X도 화성에 무인탐사선과 유인탐사선을 보낼 계획을 세우고 있다. 화성은 영화 「마션」에 등장하는 것처럼 인간이 발을 디딜 최초의 행성이 될 가능성이 높아졌다.

그러나 아직 해결해야 할 문제가 많다. 일단 대기가 희박한 데다 대기의 대부분도 이산화탄소로 구성되어 있기 때문에 인간이 별도의 장치 없이 화성 표면에 거주하기는 어렵다. 거기다가 지구와 같은 자기장이 없기 때문에 태양풍이나 우주방사선의 공격에 속수무책이다. 역시 별도의 장치 없이는 일상적인 야외 활동이 불가능하다는 얘기다. 결국 야외 활동을 위해서는 산소 탱크와 방사선 차폐가 가능한 우주복을 착용해야 하기 때문에 활동에 많은 제약이 따를 수밖에 없다. 또한 영화에서처럼 식물 재배가 가능할지 모르지만 토양의 독성물질 때문에 섭취가 불가능할 수 있다.

현재 미국의 탐사로봇 큐리오시티(Curiosity), 오퍼튜니티(Opportunity)와 미국, 러시아, 인도, 유럽연합에서 발사한 탐사선들이 화성을 탐사하고 있어 장기적으로 인간이 거주할 만한 환경이 마련될 수 있을 것이다. 화성이 인류 최초의 식민지 행성이 될지 아직은 미지수지만 앞으로 고향이 화성인 인류가 태어날 날이 올 가능성도 있다. 경기도 화성이 아닌 행성 화성이 고향인 인류 말이다.

미완의 별: 목성

허블 망원경이 찍은 목성

태양계의 5번째 행성인 목성의 영어 이름은 주피터(Jupiter)이다. 로마 신화에 나오는 신(神) 중의 신 제우스의 영어식 이름이다. 목성의 물리량을 살펴보면 목성을 주피터라고 부르는 것이 전혀 어색하지 않다. 목성의 지름은 지구의 11배이다. 지구를 일렬로 11개를 세워놓으면 목성의 지름이 된다. 목성의 질량은 더욱 압도적이어서 지구의 318배이다. 목성을 제외한 나머지 행성들의 질량을 모두 합쳐도 목성에 미치지 못한다. 뿐만 아니라 태양과 목성을 뺀 나머지 행성들과 소행성들, 카이퍼 벨트와 오르트 구름의 모든 천체들의 질량을 합쳐도 목성 질량의 절반에도 못 미친다.

목성의 질량이 지금보다 75배 이상 컸다면 수소 핵융합이 시작되어 별이 될 수 있었지만 다행히도 그런 일은 일어나지 않았다. 만약 태양에 이어 목성마저 별이 되었다면 지구는 현재와 전혀 다른 모습이 되었을 것이다.

압도적인 질량을 가진 목성은 태양과는 비교가 되지 않지만 행성들 사이에서는 범접할 수 없는 위엄을 가지고 있다. 현재 목성이 거느린 위성의 수는 무려 69개인데 앞으로 더 늘어날 것으로 보인다. 목성의 가장 큰 위성인 가니메데(Ganymede)는 태양계 전체 위성 중에서 가장 크다. 크기는 행성인 수성보다 크고 질량은 명왕성의 10배이다. 위성 중 유일하게 내부 자기장을 가지고 있으며 지하에 거대한 바다가 있다. 당장 목성을 떠나 행성이 되 겠다고 선언해도 부족함이 없다. 목성의 위성 중 상당수는 소행성들로 목성 근처를 지나다 목성의 강력한 중력에 포획된 것들이다.

목성의 중력 때문에 운명이 바뀐 천체들도 있다. 2005년 탐사선 딥임 팩트와 충돌했던 혜성 템펠 1은 1867년 최초로 발견될 당시 공전주기가 5.68년이었다. 그러나 1881년 목성 근처를 지나면서 목성 중력의 영향으 로 공전주기가 6.5년으로 늘어났다가 현재는 다시 5.58년이 되었다. 1993 년 3월 발견된 슈메이커·레비 제9혜성은 목성의 중력 때문에 참혹한 최후 를 맞이했다. 발견 당시 이미 목성의 중력에 의해 21개의 조각으로 부서져 있던 혜성은 결국 1994년 7월 목성의 중력을 벗어나지 못하고 초속 60킬 로미터의 속력으로 목성 표면과 충돌하여 여러 개의 얼룩을 남겼다. 혜성의 입장에서 보면 안타까운 일이지만 지구의 입장에서 보면 다행스러운 일이 다. 만약 이 혜성이 목성과 충돌하지 않고 태양계 안쪽 궤도로 들어왔다면 지구와 충돌할 가능성이 있기 때문이다. 목성은 이처럼 내행성계로 들어오 는 소행성이나 혜성들을 막아주는 방패 역할을 한다.

최근에는 태양계 내부로 진입한 소행성이 목성의 중력에 의해 속력이 감 소되어 물과 생명체를 구성하는 기체를 원시 지구에 쉽게 공급할 수 있었 다는 연구 결과도 발표되었다. 그동안 목성을 방문한 탐사선들의 목적은 목 성에 대해 조사하는 것이기도 하지만 대부분 플라이바이를 통해 외행성계 로 나가려고 목성을 이용하는 경우가 많았다. 목성은 아무런 대가 없이 이 들을 가속시켜 목적지로 갈 수 있도록 도와주었다. 목성은 아낌없이 주는 나무이다. 그래서 이름이 木星이 되었는지도 모른다.

2016년 목성 궤도에 진입한 탐사선 주노(Juno)는 최초로 목성의 극지방을 촬영하기도 했는데, 주노는 로마신화에 나오는 주피터의 부인이다.

태양계의 보석: 토성

토성 하면 가장 먼저 떠오르는 것이 '고리'이다. 태양계 행성이나 위성들은 대부분 구형이기 때문에 섞여 있으면 구별하기가 쉽지 않다. 당장 주변 사람에게 천왕성과 해왕성의 이름을 가리고 맞히라고 해보자. 정확히 맞히는 사람이 드물다. 그러나 토성은 틀릴 수가 없다.

토성은 태양계에서 두 번째로 큰 행성이지만 속 빈 강정이다. 크기에 비해 질량이 상대적으로 작아 밀도가 물의 70퍼센트 정도에 불과하다. 그래서 '물 위에 뜨는 행성'으로 알려져 있다. 태양계 행성뿐만 아니라 위성들과 비교했을 때도 밀도가 작다. 그리고 적도 부근의 중력가속도는 지구의 91.4 퍼센트에 불과하다. 몸무게 60킬로그램중 (kgw, 1킬로그램중은 질량 1킬로그램의 물체에 작용하는 중력의 크기이다)인 사람이 토성에 가면 54.8킬로그램중으로 몸무게가 줄어들 수 있다.

그렇다고 토성에 발을 디딜 수는 없다. 토성의 표면은 목성과 마찬가지로 고체 상태가 아니다. 유체 상태의 수소와 헬륨으로 표면과 대기가 이루어져 있으므로 발

카시니호가 찍은 토성

을 딛는 순간 금속 수소로 이루어진 내부 맨틀까지 추락하고 말 것이다. 당연히 생명을 유지할 가능성이 낮으므로 삼가는 게 좋다. 발을 디딜 수 있더라도 상황이 좋지 않다. 적도 상공에는 1800km/h의 바람이 분다. 2003년 한반도에 상륙해 132명의 사망자를 낸 태풍 매미의 순간 최대 풍속이 216km/h이니 토성에 부는 바람의 세기는 상상을 불허한다. 게다가 적도의 자전속도가 지구의 21배이다. 이렇게 빠른 자전 덕분에 하루는 불과 10시간 32분이다. 아침에 해가 뜨고 나서 5시간 정도 지나면 해가 진다.

사람이 살기는 토성보다 위성 타이탄이 나을 수도 있다. 1655년 하위헌스가 발견한 타이탄은 태양계에서 두 번째로 큰 위성으로 수성보다 크다. 발견한 지는 오래됐지만 2004년 이전까지 타이탄에 관해서는 알려진 것이 거의 없었다. 1997년 발사된 카시니·하위헌스호가 2004년 토성 궤도에 진입하면서 하나둘 베일이 벗겨지기 시작했다.

타이탄의 표면에 착륙한 하위헌스호에 의해 타이탄에 관한 많은 정보들이 수집되었는데 그중 가장 놀라운 사실은 액체 상태의 메탄이 존재한다는 것이다. 지구를 제외하고 태양계 천체에서 액체로 된 물질을 발견한 것은 처음이다. 액체 메탄은 안정적인 상태의 강과 호수를 이루고 있는데 더욱 놀라운 것은 지구와 같이 사계절이 있어서 겨울에는 메탄이 얼어붙고 여름에는 증발된 메탄이 비가 되어 내린다.

타이탄은 위성 중에는 유일하게 질소와 메탄으로 이루어진 짙은 대기가 있고 이 대기와 지표면에서 유기물이 발견되었다. 타이탄은 낮은 온도를 제외하면 원시 지구의 환경과 유사하다. 이에 따라 일부 과학자들은 질소와 메탄으로 호흡하는 원시 생명체가 존재할 가능성을 예측하기도 한다.

토성의 위성 중 타이탄 다음으로 큰 관심을 받고 있는 것은 엔셀라두스 (Enceladus)이다. 엔셀라두스는 지름 500킬로미터로 타이탄의 10퍼센트에 불과한 작은 위성이다. 그러나 2005년 엔셀라두스의 표면에서 수증기가 분출되는 것이 발견되면서 과학자들을 흥분시켰다. 이 수증기는 엔셀라두스의 지표면 아래에 있는 따뜻한 바다에서 뿜어져 나오는 것으로 추정되는데, 이 중 일부분은 눈의 형태로 우주공간으로 뿜어져 토성의 E고리를 구성한다. 그리고 2017년에는 유기체의 먹이로 이용될 수 있는 화학 합성물이 발견되면서 생명체 발견의 기대감을 높여주고 있다.

버릇없는 행성: 천왕성

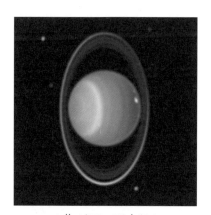

허블 망원경이 찍은 천왕성

수성에서 토성까지의 행성들은 그 존재가 이미 오래전부터 알려져 있어서 최초 발견자가 누구인지 알 수 없지만, 천왕성은 발견자가 명확하게 기록되어 있다. 천왕성은 독일에서 이주해 온 영국인 천문학자 윌리엄 허셜이 1781년 3월 13일 발견했다. 허셜은 처음에 천왕성을 혜성으로 착각해 왕립학회에 새로운 혜성을 발견했다고 보고했다. 이후 혜성이 아닌 새로운 행성임이 밝혀졌고 망원경을 통해 발견된 최초의 행성이라는 영광을 안게 된다.

태양에서 천왕성까지의 거리는 19.2AU로 해왕성보다 10AU가량 태양과 가깝지만 온도는 더 낮다. 천왕성은 가장 추울 때 영하 224도까지 내려가 태양계 행성 중 가장 추운 행성이다. 이것은 천왕성 내부의 열에너지가 비교적 작기 때문인 것으로 추정된다. 이 때문에 천왕성은 다른 목성형 행성과 다르게 대기의 변화가 크게 없이 안정된 상태가 지속되어 '가장 지루한 행성'으로 불리기도 한다.

천왕성의 가장 특이한 점은 공전궤도면에 대한 자전축의 기울기다. 수성은 0.01° 미만의 기울기로 공전하고 있어 가장 바른 자세를 가진 행성이다. 지구는 23.5°로 수성에 비해 비교적 많이 기울어져 있지만 천왕성에는 비할 바가 못 된다. 천왕성은 무려 97.77°가 기울어져 있다. 기울어져 있다는 표현보다는 쓰러져 있다는 표현이 어울린다. 천왕성을 제외한 태양계 행성 중 가장 큰 기울기를 가진 행성은 해왕성으로 28.3°이다. 따라서 천왕성은 다른 행성과 달리 누운 채로 굴러가며 태양의 둘레를 돌고 있다. 감히 누워서 태양을 돌다니 정말 버릇없는 행성이다. 태양에서 멀리 떨어져 있는 것을 다행으로 생각해야 할 것 같다. 수성처럼 가까이 있었다면 태양이 가만두지 않았을 테니 말이다.

천왕성이 현재와 같이 누운 채로 공전하게 된 이유는 아직 명확하게 밝혀지지 않았다. 일반적인 가설은 지구 규모 행성과의 충돌로 쓰러졌다는 것이다. 90° 이상으로 쓰러진 것으로 보아 충돌 당시의 충격이 엄청났음을 알 수 있다. 2011년에 프랑스 낭트에서 열린 유럽 행성과학회의와 미국 천문학회의 천왕성 충돌 시뮬레이션의 결과에 따르면, 한 번이 아니라 최소 두 번의 충격이 있어야 현재 위성의 공전 방향을 설명할 수 있다고 한다.

천왕성은 누운 채로 자전하지만 자전축은 항상 일정한 방향을 가리킨다.

따라서 천왕성의 공전주기가 84년이므로 42년마다 북극과 남극이 번갈아 가며 태양과 마주 보게 된다. 이때 반대쪽 극은 밤이 지속된다.

다른 목성형 행성과 마찬가지로 천왕성도 13개의 고리를 가지고 있는데 역시 기울어져 있다. 2007년에 천왕성의 적도가 태양을 향하는 춘분점을 지나 천왕성의 고리를 관측하기 어려웠지만 2028년에 천왕성의 북극이 태양을 정면으로 향하게 되면 고리도 관측할 수 있다. 고리가 천왕성의 자전축에 수직이므로 태양에서 볼 때 마치 양궁장의 과녁과 같은 모양이 될 것이다.

천왕성은 27개의 위성을 가지고 있는데 위성의 이름이 특이하다. 다른 행성의 위성들은 대부분 그리스·로마 신화에서 이름을 따왔지만 워낙 많은 위성들이 있는 관계로 이제 붙일 이름이 없다. 그래서 천왕성의 위성들은 셰익스피어의 작품에 등장하는 인물들의 이름을 붙였다. 천왕성에는 희곡 『햄릿』에 등장하는 비운의 여인 오필리아의 이름을 딴 오필리아 위성도 있고, 『한여름 밤의 꿈』에 등장하는 요정 큐피드의 위성도 있다. 뿐만 아니라 『로미오와 줄리엣』의 여주인공 줄리엣 위성도 있다. 줄리엣 위성에는 정말 줄리엣이 살지도 모른다. 궁금하면 낭만의 행성 천왕성으로 당장 떠나보자.

이제 겨우 1년이 지났을 뿐: 해왕성

해왕성보다 먼저 발견된 천왕성이나 나중에 발견된 명왕성은 각각 윌리엄 허셜과 클라이드 톰보가 독자적으로 발견했다. 그러나 해왕성의 발견에는 여러 명의 천문학자가 관련되어 있다.

보이저 2호가 찍은 해왕성

천왕성이 발견되던 1781년은 17세기 천문학과 역학의 혁명이 일어난 지 한 세기가 지난 뒤였다. 행성들이 타원궤도를 돌며 공전한다는 사실을 알아낸 케플러가 죽은 지 150년이 지났고, 만유인력의 법칙을 밝혀냈던 뉴턴도 이미 50여 년 전에 죽었다. 모든 행성들은 위대한 천문학자들이 밝혀낸 법칙에 따라 하늘을 운행하고 있었고 행성들의 위치는 수학적 계산으로 예측할 수 있었다. 그러나 천왕성은 이 법칙들을 따르지 않았다. 천문학자들은 혼란에 빠졌다. 이미 고인이 된 케플러와 뉴턴에게 물어볼 수도 없었다.

이에 대해 프랑스의 천문학자 알렉시 부바르(Alexis Bouvard)는 천왕성 너머에 있는 미지의 행성이 천왕성의 궤도를 교란시키고 있다는 가설을 세웠다. 프랑스의 위르뱅 르베리에(Urbain Le Verrier)는 이 가설을 바탕으로 아직 발견되지 않은 행성의 위치를 수학적으로 계산하기 시작했다.

1846년 9월 18일 르베리에는 당시 정교한 성도(星圖)를 가지고 있던 베를린 천문대의 천문대장 요한 갈레(Johann G. Galle)에게 편지를 썼다. 편지 안에는 수학적으로 계산된 새로운 행성의 위치를 표시한 성도가 들어 있었다. 편지는 5일 후인 9월 23일 베를린 천문대에 도착했고 갈레와 천문대 연구원 하인리히 다레스트(Heinrich L. d'Arrest)는 그날 저녁 르베리에가 예측한 위치 부근에서 해왕성을 발견했다. 오차는 약 1°에 불과했다. 케플러와 뉴턴이 뿌려놓은 근대 천문학과 역학의 씨앗이 결실을 맺는 순간이었다.

해왕성은 외모가 천왕성과 거의 비슷하다. 질량은 해왕성이 약 1.2배 크지만 부피는 천왕성이 약 1.1배 크다. 색깔도 푸른색을 띠고 있어 두 행성을 놓고 어떤 것이 해왕성인지 구별해내는 것은 쉽지 않다. 그러나 외모와 달리 내부 환경은 많은 차이가 있다. 천왕성의 대기가 비교적 안정적이고 평온한 데 비해 해왕성은 태양계 행성 중 최악의 기상 상태를 보이고 있다. 해왕성 남반구의 거대한 흑점에서 관측된 제트기류의 속력은 무려 2400km/h이다. 토성의 적도 상공에 부는 1800km/h의 바람보다 600km/h나 강하다. 또한 대기압은 무려 1000기압으로 금성의 90기압을 가볍게 누른다. 태양계의 진정한 지옥은 해왕성임을 인정하지 않을 수 없다.

태양계의 가장 바깥쪽 행성인 해왕성은 공전주기가 164.8년이다. 1846년 발견된 이래 2011년에야 겨우 한 바퀴를 공전했다. 해왕성 기준으로 이제 1년이 지난 것이다. 그동안 수성은 684년이 지났다.

해왕성은 자전축이 28.3°로 천왕성을 제외하고 태양계 행성 중 가장 많이 기울어져 있다. 자전축이 기울어져 있기 때문에 지구와 마찬가지로 계절의 변화가 나타나는데, 한 계절의 기간이 무려 40년이 넘는다. 만약 해왕성에서 태어난다면 한 살 넘게 살 가능성이 매우 낮고, 불행히도 초겨울에 태어난다면 여름과 가을이 무엇인지 모르고 추위에 떨다가 인생을 마칠 수도 있다. 해왕성을 방문한 탐사선은 천왕성과 마찬가지로 보이저 2호가 유일하기 때문에 아직 많은 부분이 베일에 가려져 있다.

Science & Episode ❹

명왕성을 발견한 로웰 천문대에서

우연과 운명의 차이

그것은 우연일 수도 있고 운명일 수도 있다. 우연과 운명이 어떤 차이가 있는지 알 수 없지만 아직도 그날의 일을 정확히 정의하기는 어렵다. 어쩌면 무엇인가 보이지 않는 힘이 작용했다고 생각하는 편이 나을지도 모른다.

그날은 18박 19일로 계획된 미국 여행이 13일째로 접어들던 날로, 렌트한 자동차를 타고 라스베이거스를 출발하여 그랜드캐니언으로 가던 중이었다. 차들이 많지는 않았지만 사막을 가로지르는 낯선 고속도로라 긴

플래그스태프 도로 표지판

장한 채로 정면을 응시하며 달리고 있었는데, 도로변에 세워진 안내 표지판에서 '플래그스태프 (Flagstaff)'라는 지명을 발견한 것이다. 혹시 잘못 본 것은 아닐까? 다음 표지판이 나타났을 때 갓길에 차를 세웠다.

플래그스태프가 맞았다. 1930

174

년 클라이드 톰보가 명왕성을 발견한 로웰 천문대가 있는 곳. 명왕성과 퍼시벌 로웰, 클라이드 톰보의 이야기가 나올 때마다 등장하는 플래그스태프를 미국의 40번 고속도로 갓길에서 발견하다니……. 플래그스태프가 미국에 있는 것이 당연하지만 여기서 만날 것이라고는 상상도 하지 못했다. 거짓말을 조금 보태면 명왕성을 만난 것만큼 반가웠다.

어쨌든 이것이 우연일 수도 운명일 수도 있었지만 그것이 중요한 것은 아니었다. '플래그스태프'라는 이름을 본 이상 그냥 지나칠 수가 없었다. 로웰 천문대가 그곳에 지금까지 있을지 확신할 수는 없었지만 그냥 지나치는 것은 명왕성에 대한 예의가 아니라는 생각이 들었다.

결국 다음 날 일정을 변경하여 로웰 천문대를 방문하기로 했고 그로 인

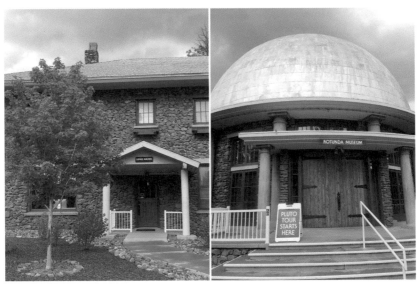

슬라이퍼 빌딩   로턴다 박물관

해 원래 계획되었던 거리보다 80킬로미터를 돌아가야 했다. 그러나 나중에 두고두고 후회하지 않으려면 80킬로미터가 아니라 800킬로미터라도 돌아가야 했다. 갑자기 40AU나 떨어져 있는 명왕성이 40킬로미터보다 더 가까이 있는 것처럼 느껴졌다.

Welcome to the Home of Pluto!

로웰 천문대가 위치한 플래그스태프는 평균 해발고도가 2100미터가 넘는다. 서울(38미터)보다 2000미터 이상이나 높고 한라산(1950미터)보다 높다. 단순히 고도만 따진다면 백록담보다 60미터나 높은 곳에 있다. 인구밀도는 798명/km^2(2016년)로 서울의 4.7퍼센트에 불과할 정도로 한산한 도시다. 그러나 있을 것은 다 있다. 기차역도 있고 117년의 역사를 가진 대학(Northern Arizona University)도 있고 미식축구장도 있고 심지어 공항(Pulliam Airport)도 있다. 거기다가 명왕성을 발견한 천문대까지 있는 도시이다.

방문자를 위한 안내 표지판

로웰 천문대는 플래그스태프의 서북쪽에 있는 고도 2210미터의 마스 언덕(Mars Hill)에 위치해 있다. 언덕의 이름이 마스인 것은 로웰 천문대가 과거에 화성과 깊은 관련이 있기 때문에 붙여진 이름인 것 같았지만 유래를 찾을 수는 없었다. 시내가 끝나는 지점에서 천문대로 향하는 마스힐 로드(West Mars Hill Road)를 오를 때 많은 생각이 들었다. '천문대에는 무엇이 남아 있을까?', '명왕성을 발견한 망원경은 남아 있을까?' 구불구불한 진입로를 오르면서 천문대의 모습을 상상해보았다. 그러나 큰 기대는 하지 않았다. 경주의 첨성대처럼 옛 영화를 더듬게 하는 건축물 하나가 세워져 있을지도 모르고, 아무것도 없는 언덕 위에 '1930년 이곳에서 명왕성을 발견하다.'라고 적힌 기념비 하나만 덩그러니 놓여 있을지도 모른다. 하지만 이곳에서 올려다본 하늘에서 40AU나 떨어져 있는 명왕성을 발견했다니 얼마나 대단한 일인가. 그것만으로도 큰 의미가 있다는 생각을 하며 해발 2210미터의 로웰 천문대 주차장에 차를 멈추었다.

주차장 옆에는 방문자센터가 있었다. 방문자센터가 있다는 것은 누군가가 우리를 맞이하고 있다는 얘기다. 언덕 위에 기념비 하나만 세워져 있는 '로웰 천문대 상상도'를 얼른 머릿속에서 지워버렸다. 방문자센터 입구에는 'Welcome to the Home of Pluto!'라는 작은 현수막이 걸려 있었다. 당연한 얘기겠지만 이곳에서 명왕성을 발견했다는 것에 큰 자부심을 느끼고

방문자센터 입구

있는 것 같았다.

방문자센터를 들어서자 나를 맞이한 건 사람이 아니라 방명록이었다. 갑자기 방명록과 마주쳐 당황했지만 어렵게 찾아온 만큼 무엇인가 흔적을 남겨야겠다는 생각이 들었다. 무슨 말을 쓸까? 한참을 고민하다가 'I love Pluto.'라고 썼다. 바로 위에 방명록을 쓴 Jim처럼 긴 얘기를 써서 명왕성에 대한 나의 관심을 표현하고 싶었지만 더 이상 쓸 말이 없었다.

당장 떠오르는 문장은 그게 다였다. 천문대를 어서 둘러보고 싶은 마음이 앞서기도 했지만 시간을 더 준다고 해도 쓸 수 있는 말은 없었다. 더 쓰려면 스마트폰의 번역기 앱을 돌리든지 영문법 책을 구해서 들춰 봐야만 했기 때문이다. 그러나 'I love Pluto.'라는 3형식 문장에 내가 얘기하고 싶은 말이 모두 함축되어 있다고 애써 위안하였다. 나의 목적어는 다른 수식어가 필요 없는 'Pluto'이기 때문이었다.

방명록을 쓰고 나자 마음이 급해졌다. 해가 지기 전에 다음 목적지에 도

방명록

착해야 했기 때문에 이곳에 머물 수 있는 시간은 1시간 남짓이다. 잘못하다 가는 GPS도 작동되지 않는 사막 한가운데 고속도로에서 밤을 맞이할지도 모를 일이다. 명왕성의 고향에 왔다가 플루토(Pluto) 신을 진짜 만난다면 얼마나 끔찍한 일인가!

반전

방명록을 쓰고 나자 전시관(Exhibition Hall)이 눈에 띄었다. 명왕성 발견에 관한 자료들로 가득 채워져 있을 것이란 예상을 하며 입구로 들어섰지만 이 예상은 보기 좋게 빗나갔다. 전시관에는 명왕성에 관한 자료보다 현재 로웰 천문대에서 연구하고 있는 소행성과 지구근접천체에 관한 내용들로 채워져 있었다.

로웰 천문대는 단순히 명왕성을 발견한 천문대가 아니었다. 명왕성 발견을 뛰어넘는 많은 천문학적 업적들이 이곳에서 이루어졌다. 그중 가장 큰 업적은 은하의 적색편이*를 발견한 것이다. 현

1891년 애리조나에 떨어진 운석

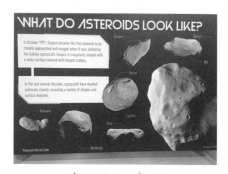

소행성의 모양에 대한 자료

● 은하에서 나오는 특정 기체의 스펙트럼이 원래보다 파장이 긴 붉은색 쪽으로 치우치는 현상. 은하가 멀어질 때 나타난다.

대 우주 모형의 기초가 되는 적색편이 현상은 흔히 에드윈 허블(Edwin P. Hubble)이 발견한 것으로 알고 있지만 사실 로웰 천문대에 근무하던 베스토 슬라이퍼(Vesto M. Slipher)가 처음 발견하였다. 물론 은하의 후퇴속도는 은하까지의 거리에 비례한다는 허블 법칙을 정립한 이는 허블이지만 슬라이퍼의 발견이 없었다면 불가능했을 것이다.

로웰 천문대에서 이루어낸 성과들은 이것만이 아니다. 천왕성의 고리 발견, 핼리혜성 밝기의 주기적 변화 발견, 명왕성의 대기 발견, 명왕성의 위성 닉스와 히드라의 정확한 궤도 측정, 목성의 위성 가니메데의 산소 발견 등이 모두 로웰 천문대에서 이루어졌을 뿐만 아니라 뉴허라이즌스의 명왕성 탐사 작업에도 참여했다. 로웰 천문대가 켜켜이 먼지가 쌓인 역사적 유물에 불과할 것이라는 한 시간 전의 생각이 부끄러워졌다.

현재 천문대에는 20여 명의 천문학자 및 연구원이 관측과 연구 활동을 하고 있으며 구경 1.8미터, 1.1미터 등 다양한 크기의 망원경을 보유하고 있다. 로웰 천문대를 대표하는 망원경은 2012년 완공한 구경 4.3미터의 디스커버리 채널 망원경(Discovery Channel Telescope)이다. 이 망원경은 미국에서 다섯 번째로 큰 반사망원경으로 우리나라에서 가장 큰 구경 1.8미터의 보현산 천문대 망원경보다 구경이 2.5배 정도 크다. 로웰 천문대는 이 망원경을 이용하여 카이퍼 벨트의 구성에 대한 조사, 혜성의 물리적 특성에 대한 연구, 작은 은하계의 진화와 구조 그리고 별들의 질량에 대한 연구를 진행하고 있다.

로웰 천문대는 1966년에 미국 '국립역사랜드마크(National Historic

Landmark)'로 지정되었으며 2011년에는 〈타임〉지에 의해 '세계에서 가장 중요한 장소 100곳(The World's 100 Most Important Places)'으로 선정되기도 했다. 로웰 천문대는 단순히 '명왕성을 발견한 천문대'가 아니라 '명왕성도 발견한 천문대'이다.

로웰과 톰보를 만나다

방문자센터의 반대쪽 문을 나서면 '슬라이퍼 빌딩(Slipher building)'과 하얀색 돔을 이고 있는 '로턴다 박물관(Rotunda Museum)'이 나타난다. 이 건물은 로웰이 사망하던 해인 1916년에 세워졌는데 100년이 넘은 건물치고는 꽤 견고해 보였다. 하얀색 돔이 토성과 그 주변의 고리를 연상시키는 이 박물관 안에는 로웰과 슬라이퍼, 톰보가 천체 관측을 위해 사용했던 유물들이 보관되어 있다.

박물관 왼쪽에 있는 슬라이퍼 빌딩은 천문학사에서 큰 의미가 있는 건물

로웰 천문대

명왕성 발견 망원경

이다. 이 건물 1층에서 톰보가 명왕성을 발견했기 때문이다. 톰보는 건물 왼쪽 언덕에 있는 13인치 반사 망원경(Pluto Telescope)으로 밤하늘의 일부를 며칠 간격으로 찍은 후 이 건물의 1층에서 판독하는 작업을 했다. 한 장에 5만에서 100만 개가까운 별이 찍혀 있는 사진 건판에서 움직이는 물체를 찾아내는 작업은 하루 6시간 이상 지속하기가 힘든 고된 일이었다. 슬라이퍼 빌딩 앞에 서 있으니 금방이라도 톰보와 슬라이퍼가 문을 열고 나와 명왕성이 발견된 사진 건판을 보여주며 새로운 행성이 발견되었다고 소리칠 것만 같았다.

톰보가 명왕성을 찾을 때 사용했던 장비는 현재 로턴다 박물관에 보관되어 있다. 톰보는 컴퓨터도 없던 시절에 하루 6시간씩 이 장비를 들여다보며 미지의 행성을 찾았다. 잠잘 때를 빼고 거의 하루 종일 스마트폰을 들여다보며 살고 있는 현대인들에게 이 작업을 맡겼다면 명왕성은 아마도 훨씬 더 일찍 발견되지 않았을까? 오늘부터라도 당장 스마트폰으로 밤하늘을 찍어서 움직이는 물체를 찾아보자. 천문학사에 한 획을 긋는 사람이 될지도 모른다.

로턴다 박물관에서 오른쪽으로 난 길을 따라 올라가면 플래그스태프 시내가 한눈에 내려다보이는 마스 언덕이 나온다. 로웰이 최적의 천체 관측지로 선택한 곳이다. 연중 건조하고 맑은 날씨와 높은 고도를 가지고 있고 2001년 세계 최초로 '국제 어두운 밤하늘 도시(International Dark Sky Place)'

로 선정될 만큼 청정 지역인 플래그스태프는 로웰에게도 매력적인 장소였을 것이다. 1896년 로웰은 이 언덕에 2만 달러를 들여 구경 24인치의 클라크 망원경(Clark Telescope)을 세웠다.

망원경이 보관된 클라크 돔(Clark Dome)의 출입문을 당겨보았지만 잠겨 있다. 가이드 투어를 신청한 사람들에게만 개방하는 모양이었다. 너무 아쉬웠다. 로웰의 손때가 묻은 망원경을 눈앞에 두고 이대로 돌아서야 한단 말인가?

그러나 잠시 후 행운이 찾아왔다. 돔 입구에서 서성이고 있는데 가이드와 여러 명의 방문객이 클라크 망원경을 찾아왔다. 단단하게 잠겨 있던 문이 활짝 열렸다. 나는 잠시 망설였지만 투어에 참가한 일행인 것처럼 슬쩍 그 틈에 끼어 돔 안으로 들어갔다. 10여 명의 서양인 사이에 동양인 한 명이 끼어들었으니 당연히 티가 날 수 밖에 없었지만 가이드는 별다른 말을 하지 않았다. 눈앞에 120여 년 동안 마스 언덕을 지키고 있는 '클라크 망원경'이 우뚝 서 있었다.

굳게 닫힌 클라크 돔 입구　　　　　　클라크 돔 앞의 방문객들

클라크 망원경은 현재 관측용으로 사용하지는 않지만 매년 수많은 관광객들을 맞이하며 천문대를 지키고 있다. 이 망원경은 미국 동부 매사추세츠에서 제작되어 이곳까지 기차로 운반되어 왔다. 매사추세츠에서 애리조나까지는 현재도 비행기로 6시간이 걸리고 자동차로 40시간 이상이 걸리는 거리다. 120여 년 전에는 얼마나 많은 시간이 걸렸을까? 천체 관측에 대한 로웰의 집념에 놀라지 않을 수 없다.

로웰은 명왕성을 발견한 천문대의 설립자로 우리에게 알려져 있지만 우리나라와 깊은 인연을 가지고 있다. 로웰은 21세에 하버드대학교를 졸업하고 28세에 일본으로 여행을 떠났다가 조선에 건너와 3개월간 머물렀다. 그러면서 최초의 고종 사진을 찍기도 하고 『조선, 고요한 아침의 나라』라는 책을 써서 서양에 우리나라를 소개하기도 하였다.

굉장히 멀게 느껴졌던 로웰이 구한말 서울에 살았다는 사실을 알고 나니 묘한 느낌이 든다. 고속도로에서 플래그스태프라는 표지판을 본 것이 우연이 아닐지도 모른다는 생각이 문득 들었다.

거금을 들여 클라크 망원경을 설치한 로웰은 화성을 열심히 탐구하였다. 그리고 화성에 화성인이 살고 있고 이들이 인공수로를 만들었다고 주장하였다. 현재는 화성인이 있다고 믿는 사람이 없지만 19세기 말에는 로웰의 주장이 상당한 주목을 받았을 뿐만 아니라 로켓 전문가 로버트 고더드(Robert H. Goddard)나 과학소설의 아버지인 허버트 웰스(Herbert G. Wells)에게 많은 영감을 주었다.

로웰이 세운 클라크 망원경은 슬라이퍼가 적색편이 현상을 관측할 때와 톰보가 명왕성을 발견할 때도 사용되었으며, 1960년대 아폴로 계획이 진

클라크 망원경   클라크 망원경으로 관측 중인 로웰

로웰이 찍은 최초의 고종 사진(1884년)

행될 때 달의 지도를 만드는 데도 사용되었다. 20세기 천문 우주 연구의 역사가 이 망원경에 고스란히 담겨 있는 것이다.

클라크 망원경 옆에는 플래그스태프 시내를 내려다보고 있는 작은 석조 건축물이 있다. 이 건축물은 유리로 된 돔을 이고 있어 처음에는 천체 관측을 목적으로 지어진 것으로 생각을 했다. 가까이 다가가 자물쇠로 잠겨 있는 문 안쪽을 들여다보았지만 깜깜해서 아무것도 볼 수가 없었다. 혹시 이곳에 명왕성을 발견한 망원경을 보관해놓은 것은 아닐까? 한참을 이리저리 둘러보다가 건축물의 정체를 알아내었다. 로웰의 무덤(Lowell mausoleum)이었다.

로웰은 1916년 11월 12일 뇌졸중으로 61세에 사망했다. 그리고 자신의 손때가 묻은 클라크 망원경의 옆에 묻혔다. 이렇게 가까운 거리에서 로웰을 만나게 될 줄은 상상도 못 했다. 로웰의 무덤에는 이렇게 쓰여 있다.

로웰의 무덤

우리 주위의 모든 것들은 피할 수 없는 탄생, 성장, 죽음의 순환 과정을 따른다. 끝이 없으면 시작도 없다. 하지만 우리의 삶이 너무 바빠서 마지막에 점점 가까워지는 것조차도 알지 못하며 살고 있다. 오늘날 우리가 알고 있는 지식은 다른 세계를 이해하는 데 도움을 줄 것이다. 머지않은 미래에 우리는 관심을 받을 것이고 다른 세계가 우리에게 가르쳐준 것으로 우리 자신과 두 가지 형태의 우주에 관한 더 많은 지식을 얻을 것이다.

로웰의 『The Evolution of worlds(세계의 진화)』 중에서

로웰의 무덤에 쓰여 있는 것처럼 로웰도 필연적인 순환의 과정을 피해가지는 못했지만 그가 죽은 이후에 새로운 천문학의 역사가 쓰였다. 죽어서도 천문대를 지키고 있는 로웰은 그동안 천문대가 이뤄놓은 업적들을 모두 지켜보았을 것이다. 비록 죽기 전까지 염원했던 Planet-X를 찾지는 못했지만 자신의 사후에 이곳에서 이루어진 수많은 업적들에 대견해하고 있지 않을까?

로웰 천문대를 떠나며

어느새 떠날 시간이 되었다. 도착할 때 내리던 비는 그쳤다.

천문대를 떠나며 놀라운 사실을 하나 더 발견했다. 이 천문대는 입장료가 있다는 사실이다! 그러나 입장하는 순간에는 미처 안내문을 보지 못해 입장료를 내지 못했다. 그리고 입구에 입장료를 받는 사람도 없었다. 나올 때 입장료에 대한 안내문을 발견했지만 역시 입장료를 받는 사람이 없었다. 결국 시간에 쫓겨 그냥 떠날 수밖에 없었다. 절대로 고의가 아니라는 것을

강조하고 싶다.

우리나라에 돌아온 후 입장료를 내지 않은 점이 마음에 걸려 로웰 천문대의 홈페이지를 방문했더니 망원경 보수 등을 위해 기부금을 받고 있었다. 다행이라는 생각이 들어 기부를 하기로 했다. 미납된 입장료를 낸다는 의미도 있지만 유서 깊은 천문대의 망원경 보수에 기여한다는 데 큰 의미가 있다고 생각했다.

그러나 이마저도 뜻을 이루지 못했다. 기부를 하기 위해서는 주소를 입력하게 되어 있었다. 그런데 콤보 박스에 있는 국가명이 14개국밖에 없었다. 아시아에서는 유일하게 일본이 있었다. 기부를 받는 국가를 정해놓은 이유를 알 수가 없었지만 어쨌든 입장료 납부는 실패했다. 입장료를 내기 위해 다시 로웰 천문대를 방문해야 할지도 모르겠다.

고속도로를 지나다가 발견한 이정표로부터 시작된 천문대 방문. 다음 일정과 갑자기 내린 비 때문에 충분히 둘러보지 못했지만 나름대로 의미 있

로웰 천문대 입장료 안내문　　　　　　　　로웰 천문대 홈페이지

는 방문이었다. 천문대를 설립한 로웰과 적색편이 현상을 발견한 슬라이퍼, 명왕성을 발견한 톰보는 이미 고인이 되었으나 그들의 숨결이 아직도 곳곳에서 느껴지고 있었다. 천문대를 들어설 때 가지고 있던 선입견은 완전히 사라졌다. 로웰 천문대는 과거의 영광을 기념하는 유적지가 아니라 새로운 신화를 만들고 있는 곳이라는 생각을 하며 마스 언덕을 내려왔다.

5

명왕성 도착

우주에 도사리고 있는 다양한 위험들을 극복하고

플라이바이를 통해 드디어 해왕성 너머 명왕성에 접근했다.

그러나 아직 안심하기에는 이르다.

명왕성의 환경은 지구와 완전히 다르다.

태양은 지구에서보다 40배나 더 먼 곳에 있고

표면중력은 지구의 6.3퍼센트에 불과하다.

너무나 멀리 있어 자세히 알 수 없었던 명왕성이

어떤 모습을 하고 있을지 명왕성 속으로 들어가 보자.

카이퍼 벨트의 골목대장

●

　　　　　해왕성의 궤도를 벗어나면 얼음과 암석으로 이루어진 작은 천체들이 모여 있는 카이퍼 벨트가 시작된다. 명왕성도 해왕성 궤도의 바깥에 위치하고 있기 때문에 카이퍼 벨트에 속해 있다. 그러나 명왕성이 왜행성이 되긴 했어도 카이퍼 벨트에 있는 천체들과 같은 취급을 받는 것은 조금 억울하다. 명왕성은 현재까지 발견된 카이퍼 벨트의 천체 중에서 가장 크고 5개의 위성까지 거느리고 있다. 위성의 개수만 놓고 볼 때 수성, 금성, 지구, 화성의 위성을 합친 것보다 많다. 명왕성이 메이저 리그에서 마이너리그로 강등된 신세이고 카이퍼 벨트가 태양계의 변두리라고 해도 이곳에서만큼은 명왕성이 대장이다.

　　명왕성은 자신이 변두리의 골목대장이라는 것을 과시하려는 듯 해왕성보다 태양에 더 가깝게 접근하기도 한다. 1979년부터 1999년 사이에 명왕성이 해왕성 궤도보다 더 안쪽으로 들어와 태양계 행성의 순서는 '수-금-

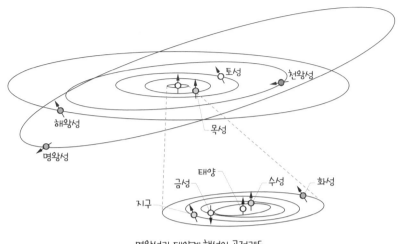

명왕성과 태양계 행성의 공전궤도

지-화-목-토-천-명-해'가 되었다. 20년 동안 해왕성은 태양계 가장 바깥 행성으로 밀려났다. 만약 명왕성이 1979년에서 1999년 사이에 발견되었다면 행성의 순서가 위와 같이 굳어졌을지도 모른다. 물론 지금은 모두 부질없는 명왕성의 화려한 과거 얘기다.

명왕성은 1999년 이후 해왕성 궤도를 벗어나 원일점(태양의 둘레를 도는 행성이나 혜성이 태양에서 가장 멀리 떨어지는 점)을 향해 공전하고 있어 계절이 여름에서 가을로 바뀌고 있는 상태인데, 명왕성이 원일점에 도달하면 지구와 상당히 멀어진다. 명왕성은 이심률°이 상대적으로 크기 때문에 근일점(30AU)과 원일점(50AU)의 차이는 20AU나 된다. 해왕성의 근일점과 원일점

● 0에 가까울수록 원궤도, 1에 가까울수록 타원궤도를 그리며 명왕성은 0.25이다.

의 차이가 0.5AU인 것에 비하면 상당히 큰 편이다. 20AU는 태양에서 천왕성까지의 거리로, 뉴허라이즌스가 지구를 출발해 천왕성까지 가는 데 5년이 걸렸다.

따라서 명왕성이 원일점에 있을 때는 탐사가 쉽지 않다. 명왕성이 근일점 근처에 있던 2006년 1월 발사된 뉴허라이즌스도 9년 6개월 만에 명왕성에 도착했다. 만약 뉴허라이즌스의 발사가 2006년보다 더 늦어졌다면 목성을 플라이바이하기가 어려워져 명왕성까지 가는 시간이 최소 수년 이상 더 걸렸을 것이다. 거기다가 명왕성의 공전궤도가 황도면과 17°나 기울어져 있기 때문에 뉴허라이즌스의 방향을 명왕성 쪽으로 바꾸기 어려울 수도 있었다.

명왕성에 도착하는 시간이 늦어질수록 명왕성이 점점 태양과 멀어지면서 대기가 얼어붙어 표면을 덮을 수 있다. 이렇게 되면 명왕성의 대기나 표면의 물리적 특성을 관측하는 것이 쉽지 않게 된다. 물론 이때 발사하지 않았더라도 탐사의 기회가 완전히 사라지는 것은 아니다. 명왕성이 다시 근일점에 접근할 때까지 기다리면 된다. 명왕성의 공전주기가 248년이므로 2200년 이후에 명왕성은 다시 해왕성보다 더 가까운 거리로 다가온다. 문제는 그때까지 명왕성에 대한 호기심을 참고 있어야 한다는 것이다.

명왕성은 2114년쯤 원일점을 지나게 되어, 발견된 이후 처음으로 겨울을 맞이할 예정이다. 사실 명왕성의 최고온도가 섭씨 영하 218도이기 때문에 여름과 겨울을 구분하는 것은 큰 의미가 없다. 그러나 겨울이 오면 이전에 볼 수 없었던 현상이 나타난다. 질소, 메탄 및 일산화탄소로 구성된 명왕성의 상층대기가 얼면서 지면으로 떨어지게 된다. 대기가 아주 희박해서 지구에서처럼 눈이 내리는 장면을 볼 수는 없겠지만 낮은 표면중력 때문에 고체 대기 입자들이 천천히 표면으로 떨어지는 모습을 관찰할 수도 있다.

다이어트? 그게 뭐야?

●

명왕성이 카이퍼 벨트에서는 대장 노릇을 하지만 태양계 안쪽에 있는 행성들과 비교하면 기가 죽을 수밖에 없다. 명왕성은 처음 발견될 때만 해도 해왕성의 궤도를 교란할 정도로 큰 행성일 것으로 추측되었다. 1846년 발견된 해왕성의 궤도가 이론적인 계산과 달랐기 때문에 최소한 지구만큼 큰 행성이 해왕성의 바깥에서 중력으로 당기고 있다고 생각한 것이다. 하지만 안타깝게도 명왕성은 기대에 부응하지 못했다. 질량은 겨우 지구의 0.2퍼센트에 불과하고 지름은 미국의 절반 정도 크기이다. 가장 작은 태양계 행성인 수성보다 작을 뿐만 아니라 목성의 4대 위성(이오, 유로파, 가니메데, 칼리스토)과 토성의 위성 트리톤, 지구의 위성인 달보다 작고 표면적도 러시아 넓이 정도이다. 명왕성은 해왕성에 영향을 미칠 만한 능력을 가지지 못했고, 오히려 해왕성의 중력에 영향을 받는 '을'의 처지이다.

지구와 명왕성과 카론의 크기 비교

나중에 해왕성의 공전궤도가 예측한 값과 일치하지 않은 것은 수학적 계산의 오류로 밝혀졌다. 명왕성의 발견은 톰보의 집념과 노력의 결과이기도 하지만 어느 정도의 우연과 행운이 겹친 결과이다. 1930년에 30AU 밖에 있는 이렇게 작은 천체를 발견한 것은 분명 행운이 따라야 가능한 일이다. 물론 그 운이 76년 만에 끝나긴 했지만 말이다.

　명왕성은 암석으로 된 핵과 그 위에 얼음으로 된 맨틀이 덮여 있어 목성형 행성들보다 밀도가 크다. 그러나 질량이 달의 20퍼센트 정도이기 때문에 표면중력은 지구의 6.3퍼센트에 불과하다. 중력이 작기 때문에 물체의 무게도 이만큼 가벼워진다. 몸무게가 많이 나가서 고민인 사람은 명왕성 여행을 가보는 것도 괜찮을 것 같다. 고통스러운 다이어트 없이도 고민을 단번에 해결할 수 있다. 몸무게가 100킬로그램중인 사람도 명왕성에서는 6.3 킬로그램중밖에 되지 않기 때문이다. 질량 100킬로그램인 사람을 업어도 3개월 된 갓난아기를 업고 있는 느낌이 날 것이다. 명왕성에서는 다이어트보다 살을 찌우기 위해 노력해야 할지도 모른다. 몸이 너무 가벼우면 오히려 불편할 수 있기 때문이다.

　명왕성에서는 이렇게 몸무게가 파격적으로 줄어드는 놀라운 경험을 할 수도 있지만 미처 예상하지 못했던 일들이 벌어져 당황할 수도 있다. 예를 들어 지구에서 50센티미터까지 점프를 할 수 있는 사람이 명왕성에서 점프를 한다면 7.9미터나 뛰어오를 수 있다. 아파트 3층까지 올라갈 수 있는 높이다. 올라갈 때는 기분이 좋겠지만 3층에서 다시 떨어진다고 생각하니 아찔하다. 그러나 크게 걱정할 필요는 없다. 지구에서 7.9미터를 떨어지는 데는 1.27초밖에 걸리지 않지만 명왕성에서는 5초나 걸린다. 떨어지는 데 4

배나 시간이 더 걸려 마치 슬로비디오를 보는 것 같은 느낌이 들 것이다.

명왕성에서는 야구를 할 때도 지구에서는 상상할 수 없는 일들이 일어난다. 2016년 미국 프로야구 월드시리즈 2차전에서 167.6km/h라는 경이적인 속도의 공을 던져 월드시리즈 최고구속 기록을 갈아치웠던 어롤디스 채프먼(Aroldis Chapman)을 명왕성에 보내보자. 채프먼이 지구에서 이 속도로 야구공을 수직 위로 던진다면 110미터까지 올라갔다가 9.5초 만에 땅에 떨어진다. 그러나 명왕성에서는 1748미터나 올라갔다가 150초 만에 떨어진다. 이 높이는 설악산(1708미터)보다 높다.

어롤디스 채프먼

이번에는 뉴욕 양키스의 장타자 애런 저지(Aaron Judge)의 타격을 비교해보자. 저지는 2017년 4월 19일 비거리 133.6미터의 홈런을 쳤다. 이 타구의 속도는 186.6km/h로 개인 최고기록이다. 만일 저지가 명왕성에서 시속 186킬로미터의 타구를 날린다면 공은 무려 3755미터나 날아간다. 이 거리는 여의도보다 더 길다. 명왕성에서는 번트를 대도 홈런이 될 수 있기 때문에 야구장의 크기가 최소한 여의도 정도는 되어야한다.

애런 저지

다른 운동들은 어떨까? 미국 프로농구 NBA 선수들의 제자리높이뛰기 최고기록은 대략 1미터이다. 이 선수들이 명왕성에서 높이뛰기를 한다면 15미터를 넘게 뛰어오를 수 있고 공중에 머물러 있는 시간은 7초가 넘는다. 따라서 농구 경기장의 골대 높이가 최소 15미터는 되어야 한다. 배구나 축구와 같은 다른 스포츠도 사정은 별반 다르지 않을 것이다.

명왕성의 작은 중력은 운동에서뿐만 아니라 일상생활에서도 지구에서는 상상하지 못하는 일이 일어나게 할 수 있다. 가령 자동차를 운전할 때도 지구에서보다 많은 주의를 기울여야 한다. 지나치게 속도를 높일 경우 작은 충격에도 자동차가 날아갈 수 있다. 특히 과속방지턱을 넘을 때 속도를 줄이지 않으면 자동차가 포물선운동을 하며 날아갈 수 있다. 자동차 사고의 결과는 지구나 명왕성이나 별 차이가 없다. 자동차 사고는 중력과의 관계보다는 수평 방향의 운동에너지가 다른 형태의 에너지로 전환되는 과정이기 때문이다.

착륙하기

●

명왕성의 중력이 작기 때문에 여러 가지 상황들이 벌어질 수 있지만 가장 큰 문제는 착륙이다. 착륙을 해야 야구든 농구든 할 수가 있기 때문이다. 탐사선이 행성에 착륙하거나 주위를 공전하기 위해서는 행성의 중력을 이용해야 한다. 행성이 중력이라는 손을 내밀어 잡아주어야만 착륙이 가능하다. 그러나 탐사선의 속도가 너무 빠르면 착륙이 쉽지 않다. 행성이 손을 내밀어 잡아주려고 해도 잡을 수가 없다.

지구를 출발한 탐사선은 목표 지점까지 빨리 도달하기 위해 플라이바이를 통해 속력을 증가시킨다. 2004년 토성 궤도에 진입한 카시니호는 금성을 2회, 지구를 1회 플라이바이하여 가속한 다음 다시 목성을 플라이바이하여 토성에 이를 수 있었다. 그러나 여러 번의 플라이바이 끝에 토성에 이르는 시간은 절약할 수 있었으나 속력이 너무 빨라 토성의 중력권에 진입하기가 힘들었다.

카시니호는 여러 차례 역추진 엔진을 작동시켜 속력을 줄였다. 카시니호는 역추진력을 만들기 위해 무려 3톤의 연료를 싣고 지구를 떠났다. 전체 발사 중량인 5.6톤의 절반이 넘는 양이다. 카시니호는 역추진 엔진으로 속력을 충분히 줄인 뒤 토성의 중력권에 진입하여 임무를 완수하였다.

그러나 명왕성은 중력이 너무 약하기 때문에 탐사선이 궤도에 진입하기가 쉽지 않다. 토성은 탈출속도가 35.5km/s이지만 명왕성은 1.2km/s에 불과하다. 1.2km/s보다 빠르면 명왕성에 안정적으로 진입하기가 쉽지 않다

토성 궤도를 돌고 있는 카시니호

는 얘기다. 2015년 7월 14일에 명왕성에 도착한 뉴허라이즌스의 속력은 약 14km/s였다. 명왕성 탈출속도의 11배가 넘는다. 명왕성의 중력권에 진입하기 위해서는 카시니호와 마찬가지로 역추진력으로 감속해야 했지만 뉴허라이즌스가 발사될 때 싣고 간 연료는 고작 77킬로그램이다. 30AU라는 먼 거리를 날아가기 위해 질량을 최대한 줄였기 때문이다. 더욱이 그 연료의 절반가량은 이미 목성에서 궤도 수정을 할 때 써버렸다.

결국 뉴허라이즌스는 명왕성에 1만 2500킬로미터까지 접근한 후 그대로 스쳐 지나갈 수밖에 없었다. 말 그대로 주마간산(走馬看山)이다. 9년 6개월 동안 48억 킬로미터를 날아갔지만 명왕성을 만날 수 있는 시간은 단 몇 시간에 불과했다. 물론 이 과정에서 많은 자료들을 수집하여 베일에 싸여 있던 명왕성의 비밀을 어느 정도 풀긴 했지만 명왕성을 선회하거나 표면에 착륙했다면 더 많은 정보를 수집할 수 있었을 것이다.

명왕성처럼 중력이 작은 천체에 착륙하는 것이 아주 불가능한 것은 아니다. 2004년 유럽우주국이 혜성 탐사를 위해 발사했던 로제타호는 2014년 11월 추류모프·게라시멘코 혜성 표면에 탐사로봇 필레를 착륙시키는 데 성공했다. 이 혜성의 질량은 명왕성 질량의 7.7×10^{-10}배에 불과하고 중력은 지구의 약 10만분의 1이다. 필레는 중력이 미약한 혜성에 착륙하기 위해 역추진 엔진 작동과 함께 작살을 발사해 혜성 표면에 몸체를 고정시키는 방법을 사용했다. 착륙 과정에서 두 장치가 모두 작동하지 않아 예정된 착륙 지점을 벗어나긴 했지만 극적으로 착륙에 성공해 혜성의 비밀을 푸는 데 커다란 공헌을 했다.

NASA는 2016년 9월 탐사선 오시리스·렉스(OSIRIS-REx)를 발사해 소행

혜성 표면에 착륙한 필레 상상도

성 베누(Bennu)의 표본을 채취하여 지구로 가져오는 프로그램을 진행 중에 있다. 이와 같이 중력이 작은 천체들에 접근하는 기술이 점점 발전하고 있어 명왕성에 착륙하는 것도 언젠가는 성공할 것이다. 그리고 명왕성이 다시 근일점으로 돌아오는 2230년대까지 어떤 신기술들이 개발될지 아무도 모른다. 지금부터 200년 전인 1800년대 초에 인류가 태양계의 끄트머리까지 탐사선을 보내리라고 아무도 상상하지 못했듯이 말이다.

명왕성에서 바라본 태양

●

명왕성이 근일점에 있을 때는 30AU이고 원일점에 있을 때는 50AU이다. 이렇게 먼 곳에서 바라보는 태양은 어떤 모습일까? 태양이 보이기나 할까? 당연한 얘기겠지만 태양의 크기는 태양에서 멀리 있을수록 작게 보인다. 태양의 각지름은 행성까지의 거리에 반비례하기 때문에 명왕성이 근일점에 있을 때는 지구에서 보이는 태양 크기의 30분의 1로 보이고 원일점에 이르면 50분의 1로 보인다. 현재는 지구에서 볼 때보다 40분의 1 정도의 크기로 작게 보인다.

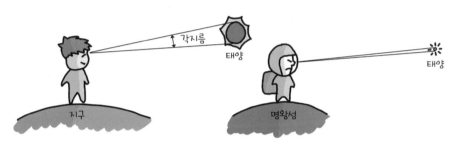

지구와 명왕성에서 태양의 각지름 비교

40분의 1로 작아진 태양. 태양이라는 느낌보다는 하나의 밝은 별에 가깝다. 물론 태양도 별이지만 지구에서 느낄 수 있는 압도감과 절대적인 존재감은 발휘하지 못한다. 역시 당연한 얘기지만 밝기도 엄청나게 줄어든다. 밝기는 거리의 제곱에 반비례하기 때문에 지구에서보다 1000분의 1 이상 어둡다. 더욱이 명왕성은 대기가 희박해 햇빛을 산란시키지 못하기 때문에 지구에서처럼 하늘이 밝지 않다.

이처럼 명왕성에 도달하는 태양의 복사에너지가 지구에 비해 현저히 작기 때문에 명왕성의 표면온도는 평균 영하 229도에 불과하다. 따라서 어는점이 영하 210도인 질소가 명왕성의 표면에 고체 상태로 얼어 있고 그 아

명왕성에서 본 태양과 위성 카론 상상도

래로 얼음층이 형성되어 있다. 액체 질소도 아닌 고체 질소라니. 상상만 해도 온몸이 얼어붙는 것 같다.

그러나 명왕성에서 태양의 존재감이 아주 없는 것은 아니다. 변두리에서도 태양은 여전히 태양이다. 명왕성의 하늘에 떠 있는 천체 중 가장 밝은 것은 역시 태양이다. 지구에서보다 밝기가 1000분의 1로 줄었지만 보름달보다는 250배나 밝다. 따라서 명왕성이 칠흑 같은 어둠 속에 잠겨 있는 것은 아니다. 정오가 되면 지구에서 해가 뜨기 직전 또는 해가 진 직후의 밝기 정도가 된다. 이 정도 밝기라면 주변의 사물을 충분히 인식할 수 있고 책을 읽는 것도 가능하다.

그렇다면 명왕성에 갈 때 책을 몇 권 가지고 가서 정오의 은은한 햇빛을 벗 삼아 독서를 즐기는 것도 나쁘지 않을 것 같다. 명왕성은 하루가 6.4일이나 되기 때문에 해가 떠 있는 시간도 그만큼 길어서 웬만한 책 한 권은 하루 안에 읽을 수 있을 것이다. 물론 낭만적이지는 않다. 일단 추위를 견딜 수 있어야 한다. 명왕성의 온도는 영하 229도이다! 태양계 행성 중에서 이렇게 온도가 낮은 곳은 없다. 따라서 극한 환경에 견딜 수 있는 방한복, 방한화 등이 필요하다. 그리고 책도 영하 229도에 견딜 수 있는 재질이어야 한다. 지구에서 사용하는 일반적인 종이는 액체 질소에도 산산이 부서진다. 명왕성의 대기가 희박하기 때문에 지구에서와 같은 현상이 나타나지는 않더라도 질소가 고체가 되는 극저온임을 감안할 때 지구에서 보던 책들은 명왕성의 추위를 견디기 어려울 것이다.

명왕성의 위성들
●

현재 태양계에는 공식적으로 8개의 행성이 있다. 그리고 그중 6개의 행성이 위성을 거느리고 있다. 행성이 거느린 위성의 수는 곧 그 행성의 위엄을 나타낸다. 태양계에서 태양을 제외한 나머지 천체들의 질량 중 70퍼센트를 차지하고 있는 목성이 거느린 위성은 69개나 된다. 그다음으로 질량이 큰 토성도 확인된 위성만 60여 개이다. 그에 비해 지구형 행성들의 위성은 모두 합쳐도 3개뿐이고 수성과 금성은 위성이 한 개도 없다. 사회에 부의 양극화가 있다면 우주에는 위성의 양극화가 있다. 하지만 위성의 양극화 문제에 정면으로 위배되는 경우가 있는데 바로 명왕성이다. 명왕성의 질량은 수성의 4퍼센트에 불과하지만 5개의 위성을 가지고 있다. 위성의 수로 행성의 지위를 결정한다면 명왕성은 지구보

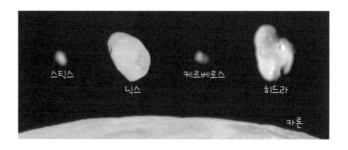

카론을 비롯한 명왕성의 위성들

다 우선적으로 행성이 될 수 있을 것이다.

현재까지 발견된 명왕성의 위성은 카론(Charon), 스틱스(Styx), 닉스(Nix), 케르베로스(Kerberos), 히드라(Hydra)이다. 위성의 이름이 모두 멋있어 보이지만 의미를 알고 나면 등골이 오싹해질 수도 있다. 명왕성의 이름을 그리스·로마 신화에 나오는 저승의 신 플루토(Pluto)에서 따온 덕분에 위성들도 모두 '저승'이나 '어둠'과 관련이 있기 때문이다.

사람이 죽으면 이승을 떠나 저승(Pluto)으로 간다. 저승에 이르기 위해서는 커다란 강을 건너야 하는데 그 강 이름이 스틱스이다. 그리고 죽은 이를 태우고 이 강을 건너는 뱃사공의 이름은 카론이다. 스틱스강을 건너 저승의 입구에 도착하면 머리가 셋이고 뱀의 꼬리를 가진 케르베로스가 저승문을 지키고 있다. 목이 9개인 물뱀 히드라는 케르베로스와 형제 사이이고 닉스는 밤의 여신이다. 모두 죽음이나 어둠과 관련이 있다. 명왕성이 그만큼 멀고 춥기 때문에 붙여진 이름들인 것이다. 정말로 죽어서 명왕성에 있는 저승에 간다면 가급적 근일점에 있을 때 갔으면 하는 바람이다. 원일점은 너무 멀고 춥다.

명왕성의 위성 중 가장 먼저 발견된 것은 카론이다. 하지만 카론은 명왕성이 발견된 후 48년이나 지난 1978년에야 모습을 드러냈다. 지름이 명왕성의 절반에 불과하기 때문이다. 미국 애리조나주 플래그스태프에 있는 해군 천문대(USNO)의 제임스 크리스티(James W. Christy)는 명왕성을 찍은 사진을 관찰하던 중

명왕성과 카론

이상한 점을 발견하였다. 명왕성이 평소와 다르게 혹이 붙은 것처럼 길쭉한 모습을 하고 있었던 것이다. 처음에는 촬영장비의 결함 때문에 생긴 현상으로 생각하였다. 그러나 혹의 위치가 시간이 지남에 따라 바뀌었고 명왕성의 뒤에 있는 별들은 정상적인 모습으로 촬영되었다. 결국 혹의 정체가 위성이라는 결론에 도달했다. 그 후 카론이 명왕성의 앞을 지나면서 일식 현상이 일어나는 것이 관측됨으로써 위성이라는 사실이 확실해졌다.

명왕성에 카론의 발견은 희소식이었다. 수성이나 금성도 가지지 못한 위성을 가지고 있는 것이 밝혀졌기 때문이다. 그러나 기쁨은 오래가지 않았다. 카론이 다른 행성의 위성과는 달랐기 때문이다. 일단 명왕성과의 상대적인 질량이 엄청나게 크다. 일반적으로 위성의 질량은 모행성(母行星)의 수천분의 1 이하이다. 태양계에서 가장 큰 위성인 가니메데는 목성 질량의 0.0078퍼센트에 불과하고 토성의 위성 타이탄도 토성 질량의 0.023퍼센트 정도이다. 태양계에서 상대질량이 가장 큰 위성인 달의 경우도 지구 질량의

1.23퍼센트이다. 그런데 카론은 명왕성 질량의 12퍼센트가 넘는다. 명왕성에는 부담스러운 위성이다.

위성에 있어 모행성은 절대적인 존재이다. 위성은 행성의 중력에 붙잡혀 끊임없이 주위를 공전한다. 뿐만 아니라 공전하는 동안 행성으로부터 조석력(潮汐力)●을 받아 자전주기도 변한다. 조석력을 계속 받으면 자전주기가 공전주기와 같아지는 동주기 자전(synchronous rotation)을 하게 된다. 태양계 위성들은 대부분 동주기 자전을 하는데 위성이 동주기 자전을 하게 되면 행성에서 볼 때 위성의 한쪽 면만 보게 된다. 달도 동주기 자전을 하기 때문에 지구에서는 달의 한쪽 면만 볼 수 있고 뒤쪽을 볼 수가 없다. 이로 인해 한때 달의 뒷면에 외계인의 기지가 있다는 낭설이 퍼지기도 했다.

동주기 자전으로 위성은 일편단심 행성만 바라보며 공전하고 있지만 너무 가깝게 접근하면 큰 화를 입을 수도 있다. 위성이 '로시 한계(Roche limit)'라고 불리는 거리보다 더 가까이 행성에 접근할 경우 조석력이 극대화되어 파괴되고 만다. 토성의 고리를 구성하는 암석들은 모두 로시 한계 안쪽에 있다. 무엇이든 지나친 것은 부족한 것보다 못하다.

행성이 위성에 절대적인 영향을 미치지만 작용과 반작용에 의해 위성도 행성에 영향을 준다. 목성이나 토성처럼 위성과의 상대질량이 큰 행성들은 위성으로부터 받는 실제 영향력이 미미하지만 위성의 상대질량이 클수록 위성이 행성에 미치는 영향은 커진다. 태양계에서 상대질량이 가장 큰 달도

● 행성 또는 위성 자체의 크기 때문에 나타나는 중력의 공간적 차이가 원인이 되어 발생하는 힘

지구에 조석력을 미쳐 밀물과 썰물이 일어나게 하고 이로 인해 지구의 자전속도가 점점 느려지고 있다. 그리고 달이 지구 주위를 공전하지만 지구도 달과 지구의 공통질량을 중심으로 회전하고 있다. 지구와 달의 공통질량 중심은 지구 중심으로부터 4700킬로미터인 지점으로 지구 반지름보다 짧아서 지구를 벗어나지 않는다.

그러나 명왕성과 카론의 경우는 일반적인 행성과 위성의 경우와 다르다. 카론은 질량이 명왕성의 12퍼센트가 넘고 지름도 명왕성의 절반 정도이며 명왕성과 불과 2만 킬로미터 정도 떨어져 있다. 이 거리는 우리나라에서 남미 우루과이까지의 거리에 불과하다. 만약 달이 지구와 이렇게 가까운 거리에 있었다면 어떻게 되었을까?

카론의 질량이 상대적으로 크기 때문에 명왕성과 카론의 공통질량 중심은 명왕성 중심에서 약 2050킬로미터 떨어져 있는데 명왕성의 반지름이 1186킬로미터이기 때문에 공통질량 중심이 명왕성 밖에 있다. 따라서 명왕성은 카론에 대하여 정지한 것이 아니라 공통질량 중심 주위를 회전하고 있다. 마치 해머던지기 선수와 해머 사이의 관계와 같다.

그리고 명왕성과 카론은 서로에게 조석력을 작용하여 동주기 자전을 하고 있다. 즉 명왕성과 카론은 서로 한쪽 면을 마주하고 자전과 공전을 하고 있어 뒷면을 볼 수 없는 처지이다. 명왕성과 카론을 어떤 학자들은 이중행성의 관계로 보기도 한다. 이런 논란 때문에 명왕성은 왜행성으로 강등되었고 카론은 분류가 보류되었다. 카론은 아직까지 위성인지 왜행성인지 그 정체성을 확립하지 못하고 있다. 어쨌든 카론은 명왕성의 발목을 단단히 잡은

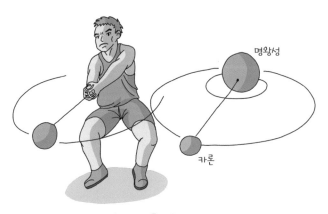

명왕성과 카론의 공전과 자전

셈이다.

　명왕성의 나머지 4개 위성은 모두 허블 망원경을 통해 발견되었다. 카론이 발견된 뒤 27년이 지난 2005년 5월에 히드라와 닉스가 발견되었고 2011년 7월에 케르베로스가, 2012년 7월에 스틱스가 발견되었다. 이 위성들은 모두 구형이나 타원형이 아닌 불규칙한 모습을 하고 있으며 크기는 카론의 2~5퍼센트 정도로 매우 작다.

　명왕성의 5개의 위성은 완벽에 가까운 원궤도를 따라 공전하고 있으며 궤도 경사각이 0°에 가까워서 일렬로 늘어놓으면 정확히 줄이 맞는다. 그러나 카론을 제외한 4개의 위성은 상당히 불규칙한 운동을 한다. 일단 4개의 위성은 카론과 달리 동주기 자전을 하지 않는다. 그리고 회전속도가 굉장히 빨라서 4개 중 가장 큰 위성인 히드라는 한 번 공전할 때 89회나 자전한다. 카론이 한 번 공전할 때 한 번 자전하는 것과는 대조적이다. 자전주기도 빈번하게 바뀌고 자전하는 모습도 팽이의 운동처럼 복잡하다.

NASA의 과학자들은 4개의 위성들이 이처럼 불규칙한 운동을 하는 이유를 카론의 영향력 때문으로 추정한다. 카론과 스틱스, 닉스, 케르베로스, 히드라는 1:3:4:5:6의 궤도공명(두 천체가 일직선으로 놓일 때 서로를 중력으로 미는 현상)을 한다. 명왕성이 4개의 위성에 조석력을 작용하여 위성들이 동주기 자전을 하려고 하지만 그 사이에 있는 카론이 궤도공명으로 이를 방해하고 있는 것이다. 명왕성이 위성들에 영향력을 행사하려는데 카론이 방해하고 있는 셈이다. 저승에 이르기 위해 스틱스강을 건너려는 망자가 뱃삯을 내지 않으면 배를 태워주지 않았다는 뱃사공 카론처럼 위성 카론도 명왕성계에서는 심술꾸러기이다.

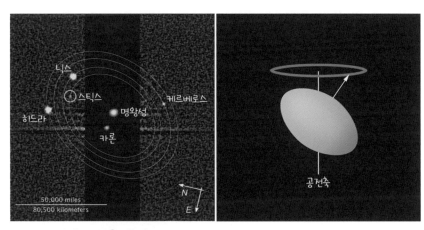

명왕성 위성들의 공전궤도   히드라의 자전

톰보의 후손, 커쇼를 만나다

긴장되는 첫걸음

앞사람이 무사히 통과한 후 다음은 나의 차례였다. 수능 시험장에서 국어 시험지를 기다리듯 긴장된 마음으로 심사대 위에 여권을 올려놓고 입국 심사관의 얼굴을 쳐다보았다. 입국 심사관의 얼굴은 언제나 그렇듯이 지극히 사무적이다. '잘못 대답하면 당장 여기서 쫓겨날 줄 알아!'라고 윽박지를 것 같은 얼굴로 나를 한 번 힐끗 쳐다본 후 역시 지극히 사무적이고 건조한 말투로 물어본다.

"What's purpose of your visit?"

입국 심사장

그들은 이곳에 취업하기 위해 연기학원에서 사무적인 표정과 말투를 배우고 오는 것 같았다. 입국 심사관의 질문에 대한 정답은 영어 회화 책에서 보았던 대로 하면 된다. 그리고 심사관의 다음 질문도 이미 예상하고 있었다.

나 Sigthseeing.

심사관 How long do you plan to stay?

나 Two weeks.

그러나 뻔한 대답보다는 왠지 조금 더 창의적인 답을 하고 싶었다. "Sigthseeing"이라고 말하는 대신 용기를 내어서 "I came to watch baseball games"라고 말했다. 사실 용기를 낼 필요도 없었다. 미국을 방문한 진짜 목적을 말했기 때문이었다. 그러자 레고 블록처럼 딱딱하던 심사관의 얼굴에 엷은 미소가 떠올랐다. 그도 틀림없이 야구를 무척 좋아하는 야구광임에 틀림없다는 생각이 들자 긴장감이 눈 녹듯 사라졌다. 그리고 그다음부터의 대화는 영어 회화 책에 나와 있지 않은 얘기들로 이어졌다.

야구를 보러 미국까지 온 이유는 LA다저스(Los Angeles Dodgers) 야구팀의 투수 커쇼를 만나기 위해서다. 명왕성을 발견한 클라이드 톰보가 유명한 야구선수 커쇼의 가족이라는 사실이 나의 미국 방문을 이끌었다. 커쇼와 톰보, 그들은 누구일까?

프로젝트의 시작: 커쇼와 톰보

클레이턴 커쇼(Clayton Kershaw)는 미국프로야구연맹(메이저리그)의 LA다저스 팀에 소속되어 있는 투수이며 현재 세계 최고의 투수로 불린다.(물론 다른 의견이 있을 수도 있다.) 2008년에 메이저리그에 데뷔하여 지금까지 뛰어난 활약을 보이고 있는데 이러한 활약을 바탕으로 현재 3400만 달러(약 380억 원)의 어마어마한 연봉을 받고 있다. 1년에 33경기쯤 나오고 경기당 100개 정도 공을 던지므로 공 1개가 포수의 글러브에 '펑' 하고 꽂힐 때마다 그의 통장에는 약 1200만 원이 '띠링' 하고 꽂힌다. 실력도 뛰어나서 리그를 대표하는 슈퍼스타다. 돈과 명예를 모두 가진 스타라면 으레 자만심에 거만해지기 쉬우나 커쇼는 연봉의 많은 부분을 기부한다. 또 야구를 하지 않는 겨울에는 아프리카에 방문하여 봉사활동을 하는 등 훌륭한 인성도 갖추고 있다. 이렇든 부와 명예와 인성을 겸비한 슈퍼스타이기에 그의 일거수일투족은 항상 뉴스거리가 된다. 우리의 프로젝트는 거기에서 시작되었다.

어느 날 커쇼의 트윗 하나가 기사화되었다. '유명세에 비해 평소 SNS를 잘 하지 않는 스타이니 트윗 하나도 기사화 되는구나'라고 신기해하며 트윗의 내용을 보았더니 다음과 같았다.

커쇼의 트윗

무엇이 10번째라는 것일까? 야구선수이니 9번 타자까지 있는 야구경기에서 10번째 선수인 팬에게 전하는 메시지라고 짐작했는데 해시태그(Hashtag)의 'pluto'라는 단어가 눈에 띈다. 플루토(Pluto). 명왕성이다. 야구만큼 우주에 대한 관심을 많이 가지고 있던 터라 유명 야구선수의 뜬금없는 명왕성에 대한 고백은 나를 설레게 했다. 검색엔진을 통해 이유를 추적하다가 뜻밖에 놀라운 사실을 알게 되었다.

먼저 커쇼가 '10번째'라는 글을 올린 이유는 전날 발표된 과학 기사에 대한 반박이었다. 커쇼가 글을 올리기 전날 미국의 한 연구팀(미국 캘리포니아공과대학교의 마이클 브라운과 콘스탄틴 바티긴 교수팀)이 태양계의 9번째 행성이 존재한다는 증거를 찾았다고 밝혔는데, 이에 대해 유명한 메이저리그 투수가 발끈한 것이다.

조선왕조 왕의 순서인 '태정태세문단세……'만큼이나 익숙했던 태양계 행성의 순서인 '수금지화목토천해명'은 2006년 국제천문연맹의 결정으로 '수금지화목토천해'로 바뀌었다. 따라서 태양계 행성은 이제 공식적으로 8개가 되었으므로 마이클 브라운 교수팀이 새로 발견했다는 행성을 9번째라고 하는 것은 틀린 말이 아니다. 그러나 커쇼는 명왕성을 여전히 태양계 9번째 행성이라고 생각하기 때문에 마이클 브라운 교수팀이 발견한 행성이 10번째가 되어야 하지 않느냐고 되물은 것이다.

이렇듯 명왕성의 지위에 대한 논란은 끝나지 않았다. 그러나 이런 논란에 대해 가장 안타까워하는 것은 아마도 명왕성 자신일 것이다. 주인공은 아니어도 비중 있는 조연으로 드라마에 출연하는 배우를 어느 날 갑자기 엑스트라로 강등시킨다면 그 배우가 느끼는 감정이 명왕성과 비슷하지 않을까? 물론 명왕성이 행성에서 퇴출되었다고 우주에서 사라져버린 것은 아니며 사람들이 인식하는 지위와 불리는 이름만 바뀌었을 뿐이다. 명왕성은 여전히 같은 자리에서 태양 주위를 공전하고 있다.

명왕성의 지위에 대한 얘기는 이미 지난 얘기인데 뜬금없이 커쇼가 왜 과학 기사에 반응해서 트윗을 작성한 것일까? 학창 시절에 행성의 순서를 열심히 외운 것이 아까워서일까? 아니면 기삿거리가 부족한 기자들을 위한 선물이었을까?

커쇼가 명왕성 이야기에 반응한 이유는 그의 가족의 업적을 잊지 않기 위해서였다. 앞서 잠깐 언급하였듯이 명왕성(Pluto)을 발견한 천문학자 클라이드 톰보는 커쇼의 가족(외할아버지의 형)이기 때문이다.

클라이드 톰보

클레이턴 커쇼

클라이드 톰보(Clyde W. Tombaugh, 1906~1997)는 명왕성을 발견한 미국의 천문학자이며 뉴멕시코주립대학 교수를 지냈다. 톰보는 24세의 젊은 나이에 퍼시벌 로웰(Percival L. Lowell, 1855~1916)의 예측을 토대로 로웰 천문대에서 관측을 했으며 그 결과로 명왕성을 발견하였다. NASA는 2006년 톰보의 유해 일부를 탐사선 뉴허라이즌스에 실어 명왕성으로 보내 그의 업적을 기렸다. 뉴허라이즌스는 2015년 7월 명왕성의 최근접점에 도달했으며 현재까지 명왕성에 대한 다수의 새로운 정보를 보내고 있다.

가족의 대단한 업적*을 자랑스러워했던 커쇼는 10년 전 명왕성이 퇴출될 때 인터뷰에서 "명왕성은 여전히 내 마음속에 행성으로 남아 있다"며 진한 아쉬움을 드러냈었다. 그런데 하필 명왕성 퇴출에 혁혁한 공을 세운 주인공이 이번에 9번째 행성이라고 주장하는 연구팀의 일원이었으니 커쇼 개인에게는 가족의 원수처럼 느껴질 일이었다. 이에 커쇼는 천문학자들의 합의와는 별개로 명왕성을 잊지 말자는 의미에서 새로 발견된 행성이 10번째 아니냐는 트윗을 올린 것이다. 지금까지도 행성의 새로운 분류 방식에 대한 논란은 계속되고 있는 상황이다.

커쇼가 스타가 되기 전인 열 살 때 톰보가 세상을 떠났기 때문에 커쇼와 그의 가족 톰보가 함께한 역사적인 증거는 남아 있지 않지만 커쇼의 마음속에는 항상 명왕성이 있었다. 커쇼는 뉴허라이즌스가 명왕성 탐사를 위해 발사된 2006년에 LA다저스에 계약금 230만 달러(당시 환율로 약 23억)에 지

---

* 우주의 수많은 천체 중 우리가 살고 있는 태양계의 행성은 9개뿐이었고, 그나마 발견자가 확실한 것은 천왕성, 해왕성, 명왕성밖에 없으니 대단한 업적이다.

명되어 프로야구 선수로서 첫발을 내딛었다. 탐사선의 발사 무게는 478킬로그램으로 가벼운 편이었는데 최신 로켓을 사용하여 지구를 벗어날 때의 속도가 무려 16.26km/s나 되었다. 커쇼는 약 155km/h의 빠른 공을 던지지만 초속으로 환산하면 0.043km/s에 불과하며 탐사선이 커쇼의 공보다 약 380배 정도 빠르다. 이 속도는 현재까지 인류가 만들어낸 가장 빠른 발사체로 기록되어 있다. 하지만 힘찬 출발과는 반대로 탐사선이 발사되고 7개월 만인 2006년 8월에 명왕성이 행성에서 퇴출되었으며 커쇼는 유명하지 않은 자신의 신세를 안타까워하며 절치부심한다. 2007년 2월, 목성에 다가간 탐사선은 플라이바이(중력 도움)를 통해 23km/s의 속도로 가속되었는데 이때 커쇼도 메이저리그 유망주 전체 7위에 등극하며 최고의 투수로 성장할 것으로 기대되었다.

탐사선이 명왕성을 향해 꾸준히 날아간 9년 6개월 동안 커쇼는 꾸준히 성장하였고 명왕성을 발견한 톰보와 다른 방면에서 세계적인 인지도를 갖게 된다. 꾸준함의 상징인 커쇼도 2015년 전반기에는 기대치에 부족한 성적으로 올스타 투표에서 밀리는 등 수모를 겪기도 했지만 그해 7월 탐사선이 명왕성 궤도에 근접한 때를 기점으로 완벽히 부활하여 정상 궤도에 올라섰다. 압도적인 실력을 보여주는 커쇼도 가을 야구(포스트시즌) 때에는 약한 모습을 보여주는데 태양계 행성으로 손꼽히다 몸무게(질량)가 가볍다는 이유 등으로 퇴출된 명왕성과 같은 아쉬운 모습이다.

커쇼와 명왕성 프로젝트

커쇼와 톰보의 관계를 알게 되었을 즈음에 학교에서 재미난 책 하나를 읽게 되었다, 책의 부제는 '고딩들의 저자 인터뷰 도전기'이다. 국어 수업의 과정에서 학생들이 모둠을 구성하고 각자의 역할을 맡아 책의 지은이를 인터뷰하여 최종 보고서를 작성하는 과정을 담은 책이었다. 학생들은 저자를 직접 인터뷰하는 과정을 통해 책의 내용을 더욱 깊게 이해하였으며, 책의 주제에 대한 관심과 생각이 성장하였다. 평소 학생들에게 우주에 대한 호기심을 이끌어내는 데 어려움을 겪고 있던 상황에서 이 책은 프로젝트에 대한 아이디어를 제공해주었다. 유명 야구선수인 커쇼와 뉴허라이즌스의 도착이 임박하여 이슈가 되고 있는 명왕성의 관계를 통해 학생들의 호기심을 이끌어낼 수 있겠다는 확신을 가지게 되었다.

프로젝트의 첫 번째는 학생들의 기본 정보를 파악하는 일이었다. 혼자 들떠서 프로젝트를 진행하는 것은 원래의 목적을 이루는 데 아무런 도움이 되지 않기 때문이었다. 우리 반 학생들 중 야구를 좋아하고 커쇼를 알고 있는 학생들을 파악해보니 절반인 스무 명쯤 되었다. 역시 물리를 선택한 반이다 보니 남학생이 많아 야구에 대한 선호도가 꽤 높은 편이었다. 다음으로 별 보는 것을 좋아하고 명왕성에 대해 잘 알고 있는 학생들을 파악해보니 약 열 명쯤 되었다. 그나마 뉴허라이즌스의 도착이 임박하여 가끔씩 포털 사이트에 관련 기사가 올라온 것이 학생들의 사전 지식에 큰 도움이 되었다. 우리 반 학생들은 뜬금없이 아무 상관도 없어 보이는 야구와 명왕성에 대해 묻는 것을 의아해하면서도 솔직히 대답해주었다. 우리 반은 40명쯤 되었는데 야구와 우주 둘 다 좋아하는 학생은 별로 없었고 둘 다 관심 없거나 하나에만 관심이 있는 학생들이 대부분이었다. 프로젝트가 제대로 진행된다면 열 명보다는 많은 학생들이 우주에 대한 생각을 한 번쯤 해볼 수 있겠다고 생각했다.

　참고한 책과 같이 진행하려면 실제 커쇼 선수와 인터뷰 약속을 잡고 명왕성에 대해 인터뷰해야겠지만 그러려면 미국, 혹은 아프리카로 떠나야 했다. 직접 만나기는 어렵다는 것을 인정하고 다른 방법을 찾아봤다. SNS 메시지를 통해 인터뷰를 하려고 했으나 쉽지도 않을 뿐더러 정성이 부족한 것 같았다. 슈퍼스타와 인터뷰를 하기 위해서는 정성을 보여야 한다고 생각하여 편지글 형식의 인터뷰를 결정하였다.

　각자 역할을 나누어 프로젝트를 진행해나갔다. 한 학생은 편지글이 도착할 목적지를 구체적으로 알아냈고 또 다른 학생은 질문만 있는 딱딱한 인터뷰에 편지글로 숨결을 불어넣었다. 편지글이 완성되자 한 학생이 정(情)이 많은 한국 과자를 함께 보내자고 했다. 드러나지 않았을 뿐 우리 반에서 알아주는 '아이돌 덕후'였던 그 학생의 말에 따르면 편지글만으로는 관심을 받기 어렵고 눈길을 끌기에 선물만큼 좋은 건 없다는 것이었다. 역시 경험에서 우러나오는 제안이었다. 외국 사람에게는 한국 과자가 낯설기도 하고 기념도 될 것이니 선물로 제격이라고 했다.

　프로젝트가 순조롭게 진행되는 와중에 메이저리그에 진출한 이대호 선수를 위해 미국 팬들이 캐릭터가 그려진 티셔츠를 선물했고 이대호 선수가 매우 즐거워했다는 내용의 기사가 이슈가 되었다. 이것이라면 커쇼와 우리 팀 사이에 충분한 연결고리가 될 수 있겠다고 생각했다. 커쇼는 매우 가정적이고 최근 아이 둘이 태어났다는 사실을 알게 된 우리는 편지, 한국 과자와 함께 커쇼에게 우리의 프로젝트가 새겨진 가족 티셔츠를 만들어 보내기로 의견을 모았다. 커쇼의 마음을 훔칠 만한 도안이 금방 완성되었고 커쇼

뿐 아니라 커쇼의 아내와 아이들의 티셔츠도 함께 만들었다. 또 우리의 소속감을 높이기 위해 단체복으로 추가 제작하기도 하였다.

커쇼를 감동시킬 명왕성 티셔츠가 만들어지기를 기다리던 중 한 학생이 당연하지만 잊고 있었던 사실을 깨우쳐주었다. "선생님, 편지는 한글로 보내나요?" 아뿔싸! 요즘 번역기가 잘되어 있다고 해도 우리의 절절한 감성까지 번역할 수는 없겠다고 생각하였다. 네 명이 머리를 맞대고 영작을 해보았지만 도무지 만족스럽지 않았다. 지금까지 노력한 학생들을 실망시킬 수는 없었다. 이제는 내가 나설 차례였다. 무작정 외국 사람과의 전화 영어를 신청하였고, 티셔츠가 만들어지는 동안 매일 30분씩 영어로 대화했다. 분위기가 무르익었을 때 우리 팀이 완성한 영작 편지글의 수정을 부탁하였고 결과는 만족스러웠다. 편지의 마지막 부분에는 커쇼가 답을 할 수 있는 이메일 주소를 적었다.

인터뷰를 해본 사람은 안다. 얼마나 두렵고 어려운지를……. 우선 생판 모르는 사람에게 그것도 슈퍼스타에게 연락을 시도하는 것 자체가 두렵다. 그리고 자료 조사를 비롯해 많은 준비가 필요하다. 학생들에게 커쇼 인터뷰는 말 그대로 험난한 '도전'이었다. 학생들이 처음에 가졌던 두려움과 설렘은 프로젝트가 진행되면서 짜릿함과 뿌듯함으로 변해갔다. 학생들은 인터뷰의 전 과정을 통하여 조금씩 성장하였다.

준비는 끝났다. 테이프 하나까지 정성스럽게 붙이고 머나먼 미국으로 소포를 보냈다. 안에 들어 있는 과자의 가격은 얼마 되지 않았지만 소포를 보내는 비용은 매우 비쌌다. 우리 팀의 정성이 소포 비용보다 훨씬 크다고 애써 위로하며 소포를 보냈다. 하루, 이틀 기다리는 시간이 길어질수록 우리는 초조해졌다. 이메일 답장은 오지 않았고 우편배송시스템을 통해 소포가 도착했다는 것은 확인할 수 있었지만 커쇼가 직접 받았는지 다른 사람이 받았는지까지는 확인할 수 없었다.

처음 팀을 구성하였을 때 프로젝트의 목표와 기대 효과까지 미리 생각해 두었지만 실패는 생각해보지 않았다. 여럿이 모여 하나씩 완성해가며 성공에 대한 기대감으로 실패를 애써 모른 척했던 것이다. 이대로 포기하기에는 상실감이 매우 컸고 다른 방법을 찾아보기로 했다. 새롭게 생각해낸 방법은 누군가 대표로 미국에 가서 인터뷰를 직접 시도하는 것이었다. 다 같이 가면 좋겠지만 준비만 함께 하고 내가 대표로 가기로 했다. 이제 성공보다 실패가 먼저 떠올랐지만 어쩔 수 없었다. 그래, 해볼 수 있는 것은 다 해보자. 학생들의 기대와 희망을 모두 품고 미국으로 향했다.

캘리포니아 과학박물관과 우주박물관

입국 심사장을 빠져나오며 해냈다는 안도감과 함께 기운이 쭉 빠졌다. 하지만 지체할 시간도 없이 호텔에 짐을 풀고 바로 목적지로 향했다. 목적지는 야구장이 아닌 과학관! 바로 야구장으로 달려가서 커쇼를 만나 소포를 받았는지 확인하고 싶었지만 내가 원하는 날, 원하는 장소에서 야구를 하는 것이 아니었다. 유명 아나운서가 얘기했던 것처럼 왜 유럽에서는 축구를 새벽에 하는지 물어보면 안 될 일이었다. 미리 LA에서 경기가 없는 것을 확인한 터라 처음 목적지는 LA가 아닌 샌프란시스코가 되었다. 미국까지 와서 커쇼만 보고 가는 것은 큰 낭비라고 생각하여 샌프란시스코에 있는 과학관을 먼저 방문하였다. 커쇼를 보러 온 목적의 시작이 명왕성이었으니 과학관에서 명왕성에 대한 자료를 수집해보고 싶었다.

우연인지 운명인지 과학관에서는 소행성을 주제로 특별 강연이 있었다. 사실 이 강연 일정까지 고려하여 여행 계획을 세운 것은 아니다. 이제는 왜 행성이 되어버린 명왕성을 생각하며 강의실로 입장했다.

소행성에 대한 강연   강연에 집중하는 사람들

강의실에서 남녀노소 불문하고 과학 강연에 집중하는 모습이 인상적이었다. 우연한 계기로 지구의 중력에 붙잡혀 지구 가까이로 다가오는 소행성처럼 커쇼의 중력에 붙잡혀 가까이 가고 싶은 마음이 굴뚝같았다. 강의가 끝날 즈음에 궁금한 점을 물어보고 싶었지만 안타깝게도 준비된 영어는 입국 심사장에서 모두 소진된 상태였다.

LA에 도착해서는 다저 스타디움(Dodger Stadium) 인근에 위치한 우주박물관에 가보았다. 박물관에 도착해서 뜻밖의 사실을 알게 되었다. 이제는 더 이상 운행하지 않는 우주왕복선 인데버호가 이 박물관에 잠들어 있는 것이었다. 실제 우주왕복선이 이 과학관에 오기까지의 여정이 촬영된 다큐멘터리가 입구에서부터 상영되고 있었다. 19킬로미터 정도밖에 안 되는 거

인데버호의 이동

리를 꼬박 2일을 걸려 이동시켰다. 게다가 원활한 이동을 위해 60년 된 가로수는 물론 가로등을 뽑는 수고도 마다하지 않았다. 지역 사람들이 축제처럼 우주선의 이동에 환호하는 모습을 보고 우주 강국 미국이 조금 부러워졌다.

인데버호와 함께한 인증 샷

우주여행의 흔적을 고스란히 안고 있는 인데버호와 인증 사진을 찍고 최종 목적지인 야구장으로 향할 준비를 하였다.

다저 스타디움

드디어 여행의 최종 목적지인 다저 스타디움으로 향했다. 내비게이션의 안내대로 주차장에 도착해 차에서 내렸는데 경기장이 보이질 않았다. 낯선 곳이라서 특별히 한국어가 안내되는 내비게이션을 거금을 주고 옵션으로 추가했는데 번역 오류라도 난 걸까? 아니면 한국어 버전을 업데이트 하지 않은 것일까? 힘들게 출발하였고 연료는 다 썼는데 주변에 목적지가 보이지 않다니, 명왕성을 향해 우주를 외로이 항해하는 뉴허라이즌스가 된 기분이었다. 도움을 요청하러 주위를 둘러보다가 다행히 멀리 있는 경기장을 발견했다. 경기장은 명왕성처럼 멀어 보였다.

주차장에서 한참을 걸어 경기장 입구에 다다랐을 때 불길한 기운이 엄습했다. 왜 안 좋은 예감은 틀리지 않는 것일까? 주머니에 있어야 할 티켓

다저 스타디움 입구

이 보이지 않는다. 당장이라도 심부름센터에 전화해서 티켓을 가져다달라고 하고 싶었지만 그럴 수 없었다. 어쩔 수 없이 두 다리로 주차장의 크기를 측정하고 다시 경기장 입구에 돌아왔을 때 변위(위치의 변화량으로, 이동 거리에 관계없이 처음 위치와 나중 위치의 차로 구한다)가 0이 되었음을 깨달았다. 몸과 마음이 지친 그 순간에도 이동 거리와 변위가 떠오른 직업의식(직업병?)이 두려워졌다.

경기장에 들어가기 전 입구에서 구단 관계자로 보이는 사람에게 우리 프로젝트에 대해 얘기하며 커쇼를 만날 수 있는지 물어봤지만 관계자는 웃긴 사람을 본다는 표정으로 나를 바라봤다. 지구 반대편에서 온 성의를 봐서 혹시 기회를 얻을 수 있을까 기대했지만 관계자에게 나는 5만 명의 관람객 중 한 명일 뿐이었다. 하지만 포기하지 않고 직접 부딪쳐보기로 결심하고 경기장에 들어가 나의 좌석을 빠르게 찾았다. 커쇼에게 조금이라도 가까이 가기 위해 거금을 들여 구한 1층 좌석이었다.(다저 스타디움은 4층까지 있다.) 이내 자리를 확인한 나의 마음은 기대에서 실망으로 바뀌었다. 1층 맨 뒷자리였을 뿐만 아니라(티켓에 나온 좌석 번호로는 절대 예측이 불가능했다) 같은 1층 좌석 내에서도 선수를 직접 마주할 수 있는 더 좋은 1층 좌석이 있었던 것이다. 게다가 두 좌석의 경계에는 경기장 안전 요원이 지키고 있었다.

하지만 이대로 좌절할 것이라면 지구 반대편까지 날아오지도 않았다. 좌석의 경계에서 눈치를 살피던 내 눈에 커쇼와 선수들이 몸을 풀기 위해 운동장에 나온 모습이 포착되었다. 경기가 시작되면 경계 간의 이동은 철저히 차단되지만 경기 시간까지 한참 남아 있어 사인(sign)을 받기 위해 이동을 부탁하면 제한적이었지만 안전 요원이 가끔씩 이동을 허용해주었다. 저

경계선을 지키는 안전 요원

명한 천문학자인 칼 세이건(Carl E. Sagan)은 보이저호를 통해 명왕성에서 보는 지구의 모습을 촬영하기 위해 수많은 관계자들을 일일이 설득했고, 그 결과 '창백한 푸른 점(명왕성 근처에서 촬영한 지구의 모습)'을 역사에 남길 수 있었다. 나는 겨우 눈앞의 단 한 사람만 설득하면 커쇼를 만날 수 있었다. 용기를 내어 입고 있는 명왕성 티셔츠를 보여주며 커쇼에게 가까이 가게 해달라고 부탁했다. 안전 요원이 웃으며 입장을 허용해주었고 나는 목성의 중력을 이용한 플라이바이처럼 힘차게 커쇼를 향해 나아갔다. 꿈인지 생시인지 얼떨떨했지만 그 순간의 나는 톰보의 유해를 싣고 명왕성을 향해 항해하는 뉴허라이즌스였다.

마침내 커쇼 가까이 달려간 나는 아이들에게 친절히 사인을 해주고 있는

커쇼와의 만남

커쇼에게 입고 있는 티셔츠를 가리키며 힘차게 외쳤다.

"Hey, Kershaw! Did you get pluto t-shirt? I sent it to you!"

그러자 커쇼가 나를 향해 돌아보았고 꿈꿔왔던 상상이 현실이 되자 나는 그대로 얼어붙었다. 하지만 벅찬 기대와는 달리 커쇼는 무슨 소리인지 모르 겠다는 표정으로 어깨를 으쓱했다. 그제야 나는 배달 사고가 났음을 직감했 다. 아! 내가 학생들과 보낸 티셔츠와 과자는 어디에 있단 말인가. 대체 누 가 맛있게 먹고 모른 척한 걸까? 머릿속이 하얘졌지만 이내 정신을 가다듬 고 다음 질문을 던졌다. 이대로 커쇼를 보낼 수는 없었다.

"Kershaw, please tell me about pluto!"

많은 사람들 중에서도 나의 처절한 외침과 티셔츠가 맘에 쓰였는지 커쇼 는 선수석으로 들어가기 전에 나에게 한마디를 하며 웃어주었다.

"I agree with your idea."

그렇다. 나의 티셔츠에는 'Remember pluto'가 쓰여 있었고 짧은 순간 커쇼는 자신의 뜻이 함축된 나의 티셔츠 문구에 동의를 해준 것이다. 그렇게 선수들의 연습 시간은 끝이 났고 나는 안전 요원의 지시로 흥분된 마음을 진정시키며 자리로 돌아왔다.

처음 학생들과 프로젝트를 시작했을 때는 핑크빛 미래만 꿈꾸었지만 연락이 닿지 않아 좌절했었다. 뉴허라이즌스 역시 발견자인 톰보의 유해를 실은 채 명왕성을 향해 큰 꿈을 안고 떠났지만 출발한 지 얼마 되지 않아 명왕성이 왜행성으로 강등되는 아픔을 맛보았다.

다시 용기를 내어 미국을 가기로 했을 때에는 이미 쓰라린 실패를 경험했기에 큰 기대를 하지 않았다. 뉴허라이즌스는 그렇게 사람들의 관심에서 멀어졌지만 플라이바이를 통해 묵묵히 명왕성을 향해 나아갔다.

마침내 지구 반대편 미국에서 커쇼를 만나게 되었고 그와 얘기를 나누는 영광을 얻었다. 그리고 뉴허라이즌스도 명왕성 인근까지 항해하여 명왕성에 대한 정보를 우리에게 보내줄 수 있게 되었다.

비록 시간이 짧아 제대로 된 인터뷰를 하지는 못했지만 커쇼는 나에게 큰 의미를 선물해주었다. 명왕성의 탈출속도보다 빠른 속력 탓에 뉴허라이즌스는 명왕성에 착륙하지 못하였지만 가까이에서 전송한 생생한 정보들로 사람들에게 명왕성에 대한 관심을 다시 불러일으켰다. 평행 이론과 같은 나와 뉴허라이즌스의 운명을 생각하는 사이 남은 경기는 순식간에 지나가 버렸다.

다음 날, 무언가에 홀린 듯 다시 경기장을 찾았다. 남은 자리가 3루 쪽 원정 응원석뿐이어서 어제와 같은 행운을 기대하기는 어려웠다. 그럼에도 불구하고 경기장을 향했다. 어느 정도 경기가 진행되었을까? 카메라맨과 리포터가 나의 근처로 천천히 다가오며 인터뷰 대상을 물색하고 있었다.

'설마, 나에게도 촬영 기회가 오는 것인가? 인터뷰는 어떻게 해야 하지? 만약 인터뷰를 하게 된다면 명왕성 이야기를 꼭 해야겠다.' 이렇게 가능성이 희박한 희망을 품고 있던 순간 카메라가 나를 향했고 다저 스타디움의 대형 전광판에 명왕성 티셔츠를 입은 나의 모습이 중계되었다. 만일의 경우를 대비해서 핸드폰 카메라를 준비하고 있던 나는 찰나의 순간을 잡아낼 수 있었다. 인증 샷을 마무리하고 서둘러 티셔츠의 문구를 가리키며 온 구장에 내가 온 목적을 전달하였다.

나를 향해 다가오는 카메라맨과 리포터

명왕성 티셔츠를 비춰준 방송 화면

다소 황당해하는 리포터를 보며 명왕성 인터뷰를 빠르게 마음속으로 영작했다. 하지만 이내 카메라맨과 리포터가 볼 일 없다는 듯이 철수했다. 열심히 쫓아가서 인터뷰를 좀 해달라고, 지구 반대편에서 왔다고 간청하였지만 거절당했다. 하지만 전혀 실망스럽지 않았다. 어떤 정보가 있을지 모를 작은 가능성을 위해 뉴허라이즌스는 30AU 이상의 거리를 홀로 나아가지 않았는가. 탐사선이 명왕성을 찾아가듯 나는 커쇼를 찾아갔고 결과를 만들었다. 명왕성과 뉴허라이즌스와는 비교도 할 수 없는 아주 가까운 거리에서 커쇼를 만났고, 그에게서 'I agree……'를 들었을 뿐만 아니라 그가 있는 다저 스타디움에 명왕성 티셔츠를 휘날렸다. 우리는 이미 목적을 초과 달성한 셈이다.

열심히 하고도 결과가 실망스러울까 망설이고 있지 않은가? 한 발짝만 내딛어보자. 우주는 우리가 원하는 것을 이룰 수 있도록 도와준다.

6

명왕성에서 보다

태양계에서 가장 나중에 발견된 행성이자 가장 먼저 퇴출된

명왕성을 위로하기 위해 우리는 여행을 떠났다.

명왕성은 1930년 톰보가 발견하기 이전에도 태양 주위를 돌고 있었고,

2006년 프라하에서 왜행성으로 강등된 이후에도 여전히

태양 주위를 돌고 있다. 우리를 둘러싸고 있는 것들은 바뀌지 않는데

사물을 둘러싼 우리의 생각은 항상 변화한다.

마지막 장에서는 명왕성의 시선으로 지구를 돌아보고

다가오는 미래에는 어떤 모습으로 우주를 탐험해야 하는지 생각해보자.

별자리의 아이러니

●

　　　　　　　밤하늘의 많고 많은 별들은 모두 우주 어디쯤에 있는 걸까? 옛날 사람들은 우리 눈에 보이지 않는 유리 천장과 같은 곳에 별들이 사이좋게 붙어 있고 특별히 해와 달은 하루에 한 번씩 뜨고 진다고 생각했다. 계절에 따라 조금씩 차이가 나기는 했지만 대부분의 별들이 제자리를 지키고 있었고 그중 유난히 밝게 보이는 별들을 손가락으로 이어 보니 익숙한 모습을 그릴 수 있었다. 그리고 완성된 별들의 무리에 저마다 이름을 붙여 우리에게 익숙한 별자리가 탄생했다. 이렇게 탄생한 별자리들은 5000년이 넘게 늘 그 자리에 있으면서 지금도 사람들의 입에 친숙하게 오르내리며 하루의 운세를 점치는 이야깃거리가 되고 있다.

　　많은 별자리 중 전사의 모습을 하고 있는 오리온자리와 큰 국자 모양의 북두칠성(큰곰자리의 일부)은 밤하늘에서 찾기 쉬운 별자리 중 하나다. 하지

여러 가지 별자리

오리온자리

북두칠성

만 과학기술이 발달함에 따라 알게 된 사실은 매우 놀라운 것이었다. 별자리를 이루는 별들이 실제로는 우리에게 눈에 익은 모양으로 늘어서 있는 것이 아니라 서로 아무런 관계가 없음이 밝혀진 것이다.

우리가 별자리를 정면이 아닌 옆에서 바라보았다면 전사 모습의 오리온자리나 국자 모양의 북두칠성 별들을 한데 묶지 못했을 것이다. 지구로부터의 거리가 2배 이상 차이 나는 별들로 이루어져 있음에도 이들을 정면에서만 볼 수 있기 때문에 오리온자리나 북두칠성으로 묶어 이름 붙일 수 있었다. 요즘은 '북두칠성 만들기'처럼 과학 시간에 각 별들의 실제 거리 차이를 가늠하는 활동을 해보곤 하지만 여전히 우리에겐 국자 모양의 북두칠성이 익숙하다.

우리가 보는 별자리의 진실은 아래와 같다.

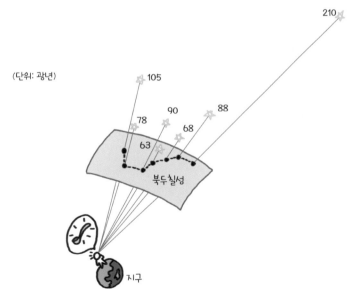

북두칠성 별들의 실제 위치(출처: 브리태니커 백과사전)

원근법을 이용한 착시

사람의 눈이 멀고 가까움을 제대로 구분하지 못해 왼쪽과 같은 착시 사진이 탄생할 수 있다. 물론 이런 사진은 우리가 평소 알고 있는 크기에 대한 정보를 바탕으로 잘 연출된 사진이라는 것을 추측할 수 있지만, 별들은 너무 멀리 있어 크기는 보지 못하고 빛만 보기 때문에 이러한 추측이 소용없게 된다. 입장을 바꾸어 생각해보면 우리에게 보이는 대로 공동운명체로 묶인 별들의 입장은 황당 그 자체일 것이다. 그만큼 우주를 바라볼 때 인간 중심의 사고는 바뀌기가 어렵다.

이상한 별들

●

오리온자리, 큰곰자리, 물고기자리……
저마다의 이름을 붙여가며 하늘을 바라보던 옛날 사람들의 눈에 도무지 적응이 되지 않는 5개의 별(수성, 금성, 화성, 목성, 토성)이 있었다. 다른 별들은 자리를 지키고 있어 한데 묶어 이름을 붙일 수 있었는데 유독 5개의 별만은 다른 별들 사이를 이리저리 움직여 다녔다. 물론 별똥별처럼 한순간 빠르게 이동하는 것은 아니지만 꾸준히 하늘을 관찰하면 그 차이를 분명히 알 수 있었다.

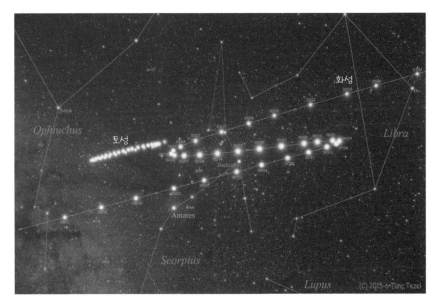

화성과 토성의 역행. 화성은 큰 S자 모양으로 넓게, 토성은 앞뒤로 좁게 움직이고 있는 것을 볼 수 있다.

위의 사진은 2015년 12월부터 2016년 9월까지 약 9개월 동안 촬영한 화성과 토성의 움직임이다. 옛날 사람들 입장에서 나머지 모든 별들은 천구에 자리 잡고 있다고 생각하면 이해가 되었는데 밝게 빛나는 5개의 별들의 움직임만은 도무지 알 수가 없었다.

별들의 움직임을 최대한 과학적으로 설명하고자 노력한 사람이 바로 고대 그리스의 천문학자 프톨레마이오스이다. 프톨레마이오스는 별들은 먼 우주의 천구(유리 천장)에 고정되어 있지만, 매일 위치를 달리하는 태양과 달을 포함한 7개의 별은 고정되지 않고 지구 주위를 돌고 있다고 주장하여 이상한 별들의 움직임을 설명하고자 하였다.

그래도 화성처럼 왔다 갔다 하는 움직임까지는 쉽게 설명하지 못했는데

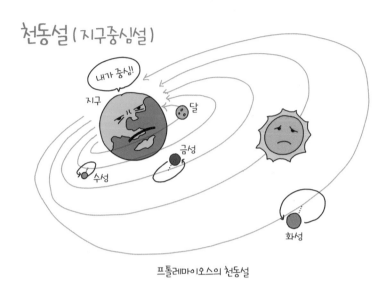

천동설 (지구중심설)

내가 중심!!

지구

달

금성

수성

화성

프톨레마이오스의 천동설

프톨레마이오스는 주전원이라는 개념을 끌어들여 별들이 작은 원을 스스로 돌며 지구 주위를 돈다고 설명을 보충하였다. 그는 관측 사실을 바탕으로 눈에 보이는 별의 움직임을 과학적으로 설명하고자 애썼지만 왜 주전원이라는 작은 원이 있어야 하는지는 제대로 설명하지 못했다. 그럼에도 불구하고 화성의 역행을 설명할 마땅한 대안이 없었고 프톨레마이오스의 이론이 나름 합리적이었기 때문에 그의 생각은 1500년 이상 지지를 받으며 우주의 구조를 설명하는 절대적 이론으로 대접 받는다.

한참의 세월이 지나 1500년대에 이르러 혜성처럼 나타난 코페르니쿠스는 새로운 태양계 모형으로 찜찜하게 남아 있던 주전원의 존재를 깔끔히 해결하였다. 바로 태양과 지구의 위치를 바꾼 것이다. 사실 우리가 지동설이라고 부르는 이 이론은 기원전 3세기경 아리스타르코스라는 과학자가 최

지동설 (태양중심설)

내가 중심!

태양
수성
금성
지구
달
화성
목성

코페르니쿠스의 지동설

초로 주장하였으나 미친 사람 취급 받으며 사람들의 호응을 받지 못하고 폐기되었다. 하긴 2006년에 미국 〈워싱턴포스트〉지가 실시한 조사에 따르면 여전히 천동설을 믿는 사람이 전체의 22퍼센트나 되었으니(명왕성을 탐사하기 위해 뉴허라이즌스가 발사된 그 2006년 맞다) 2300년 전 사람들에게 지구가 우주의 가장자리로 물러나는 혁신적인 아리스타르코스의 아이디어를 받아들이는 것은 무리였는지도 모른다.

과학적 관측 사실과 일치하고 보기에 깔끔하더라도 여전히 사람들에게 지구가 도는 지동설은 받아들이기 힘든 주장이었다. 이후 케플러가 지구 공전궤도를 밝히고 갈릴레이가 목성의 위성을 발견하며 지구가 더 이상 우주의 중심이 아님을 서서히 받아들이게 되었지만 그 과정이 순탄하지만은 않았다. 갈릴레이는 그 당시 신성을 모독한 죄(신이 창조한 고귀한 천상의 지구를 우주의 변방으로 몰아낸 죄)로 종교재판을 받기까지 했다. 오랜 시간 격렬한 논의 끝에 사람들은 지동설을 받아들였다. 이후 고정관념을 혁신적으로 깨버리는 놀라운 일이 벌어졌을 때 우리는 그것을 '코페르니쿠스적 전환'이라고 부른다. 그만큼 인간 중심의 사고는 깨기 어렵다는 것을 인정한 것이다. 그럼에도 불구하고 여전히 우리는 태양과 달이 뜨고 진다고 얘기한다. 태양과 달이 뜨고 지는 것이 아니라 지구의 자전으로 그렇게 보이는 것임에도 불구하고 말이다. 우리는 여전히 지독한 인간 중심자들이다.

은하의 변두리

●

　　　　　　　코페르니쿠스와 갈릴레이 같은 사람들의 노력으로 우주의 중심이 지구에서 태양으로 바뀌었지만 인간 중심의 사고를 깨기에는 무리였다. '비록 지구가 우주의 중심에 있지 않더라도 태양이 거기 있지 않느냐고, 태양은 우리의 태양이므로 지구는 거의 우주의 중심에 있는 셈이 아닌가!' 이렇게 생각하면 인간은 여전히 우주의 중심에 있을 수 있었다.

　하지만 천문학과 관측 기술의 발달로 많은 수의 새로운 태양이 발견되었고 심지어 우리의 태양이 특별한 무언가를 가지지 않았음을 알게 되었다. 그 시작을 알린 과학자 역시 갈릴레이였다. 17세기에 그는 자신이 직접 만든 망원경으로 은하수를 관찰하여 흐릿한 성운처럼 보이는 은하수가 개개의 별들로 분해된다는 것을 밝혀냈다. 이후 18세기에는 허셜이 한 땀 한 땀

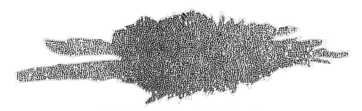

허셜이 별의 개수를 세어 추론한 은하의 구조

별의 개수를 세어 우리은하의 구조까지 비교적 정확하게 예측했다. 하지만 인간 중심의 사고에는 큰 변화가 없었다. 우주의 크기가 커졌을 뿐 여전히 태양계가 은하(우주)의 중심이라고 생각했기 때문이다.

불행히도 이러한 생각은 오래가지 못했다. 미국의 천문학자 할로 섀플리 (Harlow Shapley)가 관측 결과를 바탕으로 태양계가 우리은하의 중심에서 3만 광년 떨어진 나선팔(spiral arm)에 위치한다는 것을 밝혀낸 것이다. 지구가 태양계(우주)의 중심이라는 믿음에서 벗어난 지 겨우 400여 년 만에 인간(지구)은 한 번 더 우주의 중심에서 멀어졌다. 1500년 동안 버틴 천동설에 비해 그나마 빠르게 인정한 것은 인간 중심의 사고방식을 내려놓은 결과일까?

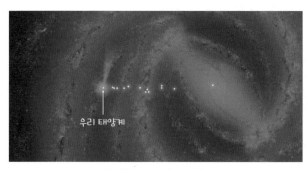

우리은하에서 태양계의 위치

항성과 우리은하

●

천체에서 가장 익숙한 정의 중 하나는 항성과 행성일 것이다. 항성(恒星)은 한자 그대로 항상 제자리를 지키는 '멈춘별'을 말하고 행성(行星) 역시 한자 그대로 '움직이는 별'을 의미한다. 항성의 대표적인 예는 스스로 빛을 내는 태양이 있고 행성의 대표적인 예는 우리가 살고 있는 지구를 들 수 있다.

항성은 과연 맞는 표현일까? 앞에서 밝힌 것처럼 지구를 비롯한 행성들이 태양계에서 유일의 항성인 태양 주위를 돌고 있듯이 태양 역시 은하의 변두리에서 은하의 중심을 기준으로 지구와 같이 돌고 있다. 태양이 은하의 중심에 있지 않음을 알게 된 순간부터 더 이상 제자리를 지키고 있는 것이 아닌 셈이다. 이때 행성들은 은하 주위를 도는 태양을 쫓아가며 태양의 주위를 돌게 된다. 이 모습을 상상해보자.

우리가 흔히 알고 있는 행성이 동심원(타원)을 그리며 도는 모습은 태양이 항성의 지위를 가지고 있을 때에 해당하는 모습이다. 항성인 태양이 은하 중심을 기준으로 공전하면 태양을 따라 움직이는 행성의 움직임은 왼쪽 그림과 같이 소용돌이 모양을 만들며 움직이는데 이를 소용돌이 태양계(vortex solar system)라고 부른다.

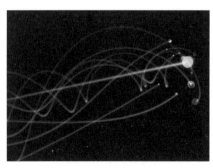

소용돌이 태양계(3차원)

1500년이 지나서야 지동설을 받아들이고, 400년이 지나서야 태양계가 은하의 변두리라는 것을 알았지만 소용돌이 태양계는 아직도 엄청나게 생소한 개념이다. 과학의 발견은 그렇다 치고 우리에게 태양은 여전히 항성이다. 우리는 지독한 인간 중심자들이다.

우주의 중심

●

관측 결과를 바탕으로 우주의 크기가 확장되고 지구의 상대적 위치를 알게 되었지만 우주의 구조를 이론적으로 증명하기는 어려웠다. 1차 세계대전이 한창이던 1917년, 아인슈타인은 2년 전 완성한 자신의 일반 상대성 이론을 이용해 우주의 구조에 관한 역사상 최초의 과학적인 이론(가설)을 제안했다. 일반 상대성 이론은 뉴턴이 만든 만유인력 이론에서 바뀐 중력 이론이다. 아인슈타인은 크게 보면 우주의 구조나 상태는 중력에 의해 정해진다고 생각했다. 이후 프리드만, 르메트르 등에 의해 우주의 구조를 밝히는 이론이 빅뱅 우주론으로 귀결되었지만 당시의 일반 사람들에겐 좀 더 우수한 과학자의 두뇌가, 종이와 연필을 사용해 만들어낸 일반 상대성 이론의 수학적인 해답에 지나지 않았다.

이론뿐이었던 우주론을 사람들에게 가까이 와닿게 이해시킨 사람들은 관측 천문학자인 슬라이퍼와 허블이었다. 슬라이퍼는 로웰 천문대에서 20년에 걸쳐 40개 이상의 성운(은하)을 관측하여 그 대부분이 우리은하계에서 급속도로 멀어지는 것을 발견하였다. 이후 허블은 윌슨산 천문대에서 당시 세계 최대의 망원경으로 매일 밤마다 성운의 사진을 계속 찍었다. 허블은 슬라이퍼의 발견을 이어받아 자신들이 관측한 성운의 스펙트럼을 조사하여 멀리 있는 성운일수록 우리에게서 멀어져가는 속도(후퇴속도)가 빠르다는 허블의 법칙을 발견하였고, 이는 빅뱅 우주론의 결정적 증거가 되었다.

사람들은 잠시나마 우리은하(태양계, 지구)가 우주의 중심이 아닐까 기대했지만 그 기대는 곧 깨졌다. 그렇다면 진짜 우주의 중심은 어디일까? 빅뱅 우주론에 따르면 우주의 중심은 존재하지 않는다. 모든 은하들이 상대적으로 멀어질 뿐이다. 인간이 살고 있는 지구가 태양계의 주변부로, 은하의 주변부로 밀려났다고 생각했지만 지구가 우주의 중심일 수도 있는 것이다. 물론 아니기도 하다. 모든 것은 상대적이다.

명왕성에서 본 지구
●

지금까지 지구의 상대적 위치에 대해 살펴보았는데 우리의 주인공인 명왕성으로 시선을 다시 옮겨보자. 명왕성에서 본 지구는 어떤 모습일까?

맨눈으로 볼 수 있는 태양계 행성은 수성, 금성, 화성, 목성, 토성이다. 그래서 요일도 일, 월, 화, 수, 목, 금, 토(5개의 이상한 별과 매일 움직이는 2개의 별)뿐이고, 누가 먼저 발견했는지조차 알 수 없다. 천왕성부터는 망원경이 개발된 이후에 볼 수 있었으며 발견자 역시 알려져 있다. 천왕성이나 해왕성이 좀 더 밝았다면(좀 더 지구와 가까웠다면) 요일이 9개가 될 수도 있지 않았을까?

실제 밝기와 관계없이 우리 눈에 보이는 별의 밝기를 '겉보기 등급'이라고 하는데 1등급 간에 약 2.5배의 밝기 차이가 있고 1등성이 6등성보다 약 100배 밝다. 하늘에 있는 천체 중 가장 밝은 천체는 당연히 태양이다. 태양의 겉보기 등급은 -26.8로 우리가 보기에 너무 밝아 태양이 떠 있을 때를 낮이라고 부른다. 이때 하늘에는 무수히 많은 별들이 제자리를 지키고 있지만 태양 덕분에 어떤 별도 볼 수 없다. 태양, 달, 행성인 금성과 화성을 제외하고 가장 밝게 보이는 별이 겉보기 등급 -1.5인 시리우스인데 이 값은 태양이 시리우스보다 100억 배 밝음을 의미한다. 즉 100억 개의 시리우스가 같은 자리에 있다면 한낮의 태양의 밝기를 낼 수 있는 것이다. 물론 실제(절대 등급)로는 시리우스가 더 밝지만 태양은 지구와 가까이에 있기 때문에 태양이 가장 밝게 보인다.

그렇다면 지구에서 우리의 주인공인 명왕성을 보면 얼마나 밝게 보일까? 정답은 '안 보인다'이다. 명왕성은 크기가 매우 작은 데다 지구로부터 멀리 떨어져 있어서 천왕성이 발견되고 150년이 넘게 지나서야 간신히 발견될 수 있었다. 망원경으로 관찰해도 보기가 쉽지 않으니 명왕성을 발견한 톰보가 새삼 대단하게 느껴진다. 명왕성의 최대 밝기는 13등급 정도로 겉보기 등급이 약 -2인 화성보다 100만 배나 어두우니 어쩌면 안 보이는 게 당연하게 생각된다.

그렇다면 입장을 바꾸어 명왕성에서 바라보는 우주의 모습은 어떨까? 명왕성에서 바라본 태양의 밝기는 -19.2등급으로 우리가 보는 보름달보다 수백 배 더 밝은 수준이며 백열등 두세 개의 밝기이다. 우리는 상상하기 어렵지만 명왕성에서는 한낮에도 태양을 똑바로 쳐다볼 수 있는 것이다. 지구에서는 눈이 부셔 바라보기조차 힘든 태양의 밝기가 이 정도라면 명왕성에서 지구를 관찰하기 위해서는 당연히 엄청난 노력이 필요할 것이다.

1990년 역사적 사명을 띠고 보이저 1호가 명왕성 근처에서 지구를 촬영하였고 지구는 광대한 우주의 무대 속에서 하나의 극히 작은 무대에 지나지 않음을 확인시켜주었다.

미국의 유명한 천문학자 칼 세이건은 이러한 모습의 지구를 '창백한 푸른 점'이라고 했다. 가까이에서 지구를 바라보면 푸른 구슬(Blue marble)과 같고 더 가까이에서 바라보면 치열한 경쟁과 뜨거운 논쟁거리들로 폭발할 것만 같아 보이지만, 보이저가 보낸 사진 속의 지구는 외딴 섬에 지나지 않아 주변의 도움을 받기 어려워 보이는 창백한 푸른 점일 뿐이다.

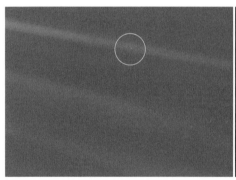 

명왕성 근처에서 촬영한 지구(창백한 푸른 점)　　　가까이에서 촬영한 지구

명왕성의 지위와 끝나지 않은 논쟁

●

2006년 8월 24일, 명왕성은 국제천문연맹 총회에서 천문학자들의 표결로 행성의 지위를 박탈당했다.

새로 채택된 행성의 정의에 따르면 위성인 카론과 함께 돌고 있는 명왕성은 '공전궤도 주변의 다른 천체들을 지배하는 천체'가 못 되어서 행성이 되지 못한다. 명왕성은 1930년에 탄생한 것이 아니라 인간이 발견했을 뿐임에도 불구하고 인간에 의해 행성이 되었다가 이젠 왜행성이 된 것이다.

앞에서 보았듯 인간(지구)은 태양계의 중심에서 태양계의 일부로, 은하의 중심에서 은하의 주변부로, 유일한 은하에서 수천억 개의 은하 중 하나로 특별함을 잃어갔지만 여전히 우리가 바라보는 우주를 정의하고 있다. 물론 관측 사실에 따라 천체를 정의하는 것은 인간의 자연스러운 본능이다. 하늘을 관측하고 아무 일도 하지 않는다면 천문학자들은 모두 굶어죽어야 할 것이다. 하지만 명왕성에서 본 지구는 그저 창백한 푸른 점일 뿐이다.

우리를 둘러싸고 있는 것들은 바뀌지 않는데 사물을 둘러싼 우리의 생각은 항상 변화해간다.

명왕성의 지위를 놓고 격돌하는 상반된 두 그룹의 과학자들은 '유용하지 않다', '너무 감상적이다', '혼란스럽다' 등과 같은 말로 상대방이 내세우는 정의에 비판적으로 대응한다. 물론 두 그룹 모두 대중이 태양계의 과학을 이해하고 받아들이기를 원한다. 하지만 각각 자신의 정의만이 목표를 달성할 수 있다고 확신한다. 아마도 둘·중 한 그룹이 이겨야만 이 소모적인 논쟁이 끝날 것이다.

그런데 정말 이 논쟁이 소모적인 일일까? 외계 행성 연구원인 사라 시거(Sara Seager)에 따르면 명왕성의 지위에 대한 논쟁으로 이전보다 태양계에 대한 관심이 더 높아졌다고 한다. '명왕성은 행성인가, 행성이 아닌가?'에 대한 논쟁보다 중요한 것은 '명왕성 너머엔 무엇이 있을까?', '넓은 우주에서 인간의 존재 의미와 역할은 무엇일까?'와 같은 근원적인 호기심이 아닐까?

우리는 아직도 우주에 대해 많이 알지 못한다. 극히 일부분만 알고 있을 뿐이다. 발견된 행성들을 분류하는 데 그치지 말고 인간 중심의 사고방식에서 벗어나 인식의 틀을 확장하는 코페르니쿠스적 전환이 필요하다.

세른(CERN) 탐방기: 과학에서 답을 찾다

Welcome to CERN!

우리는 강의실에 모였다. 현대 입자물리학계를 이끄는 CERN(유럽입자물리연구소, Conseil Européen pour la Recherche Nucléaire)에서 준비한 '고등학교 물리 교사들을 위한 프로그램'에 참여해 이제 이곳에서 일주일간 교육을 받을 참이었다. 단 한 올의 머리카락도 볼 수 없는 헤어스타일을 지닌 교육 담당자 믹(Mick)이 입이 찢어질 듯 함박웃음을 지으며 우리를 반겨주었다.(그의 큰 입은 나중에 우리에게 재앙이 되기도 했다.) 믹은 준비한 듯 메모를 열

스위스 제네바와 프랑스 국경 사이에 있는 CERN 전경

심히 보더니 회심의 한국어 인사를 한마디 건넸다.

"안뇽!"

구글에서 반말을 알려준 모양이다. 믹은 곧 기다란 대나무 막대를 구석에서 찾아 깨금발로 천정 높이 매달린 빔 프로젝터의 전원 버튼을 눌렀다. 빔이 켜졌다. 믹이 씩 웃으며 또 한마디 던진다.

"High Technology of CERN."

감사의 표시로 선물한 한국 부채. 믹은
"High technology"라며 좋아했다.

리모컨 따위와 비교할 수 없는, 내가 본 CERN의 첫 첨단 기술이었다.

믹의 프레젠테이션 첫 장은 익숙한 웹 브라우저 화면과 낯선 외국인 한 명을 소개하는 것으로 시작했다. 놀랍게도 현재 인터넷 표준 플랫폼인 월드와이드웹(WWW)이 바로 이곳에서 시작되었다는 것이다. 물리학자들이 서로의 연구 성과를 공유하기 위해 시작된 방식이 현재는 세계의 모든 인터넷 방식이 된 것이다. 낯선 외국인 사진은 월드와이드웹을 개발한 팀 버너스리(Tim Berners-Lee) 박사였다. 팀 버너스리는 월드와이드웹의 개발로 부자가 될 수 있었지만, 모든 로열티를 포기하고 무료로 일반에 공개했다고 한다. 그 덕에 현재 거의 모든 월드와이드웹 관련 기술들은 특허를 무료로 공개하고 있다고 한다.

강의를 하던 믹은 점점 흥분했다. 믹의 열정적인 강의는 그의 입 주변을 서서히 채워가는 하얀 거품으로 점차 클라이맥스를 향해 가고 있음을 알 수 있었다. 그러다가 월드와이드웹의 무료 공개 '정신(spirit)'을 강조하는 결정적인 부분에서 드디어 진짜 거품이 터지고 말았다. 'p'의 발음을 지나치게 강조하는 바람에 그의 구강을 가득 채운 거품 입자들이 '월드와이드하게' 분사된 것이다. 앞자리에 앉은 우리들은 한 편의 자연재해를 겪는 듯 두려움에 눈이 커졌다. 하지만 믹은 우리의 커진 눈을 보고 한껏 고무되어 입에 다시 거품을 만들어갔다. 이 사건 이후 믹의 별명은 'www(world wide wet)'가 되었다.

물리학자들의 길

지하 100미터 깊이에 27킬로미터 둘레의 대형 강입자 충돌기(LHC)를 연상하면 CERN 자체가 굉장히 크고 최신의 시설로 여겨지는데 사실 CERN의 연구 단지 규모는 그리 크지 않다. 일반적인 한국의 대학교 크기만 하다. 게다가 최첨단장비들이 지극히 오래된 공장 건물들로 포장되어 있어서 모르는 사람들이라면 공단으로 오해할 정도다.

처음으로 CERN에 들어가면 여느 연구 단지와는 다르게 눈에 띄는 것들이 있다. 도로 이름에 물리학자들의 이름이 붙어 있다. 우리가 묵었던 숙소는 파울리 길 끄트머리에 있으며, 파인만 길과 러더퍼드 길이 만나는 곳에 있는 식당에서 주로 점심 식사를 했다. 재미있는 것은 물리학에 커다란 발자취를 남긴 순으로 주요 도로를 선점하고 있다는 사실이다. 둘레를 가로질러 북쪽 경계를 관통하는 도로는 아인슈타인 길과 슈뢰딩거 길이며, 남쪽 주요 도로는 파인만 길과 러더퍼드 길, 플랑크 길이다. 중간에 페르미, 압둘

가로수가 심어진 아인슈타인 대로　　　　　분리수거통 위의 볼타 골목 푯말

살람, 발머, 지만, 쿨롱 등의 샛길이 있고 도저히 길이 아닌 골목으로 봐야
할 공간에도 힘겹게 길 이름을 유지하고 있는 푯말이 붙어 있다. 이들은 모
두 자신의 이름으로 된 법칙을 한두 개씩 가지고 있는 나름 권위자들인데
CERN에서는 철저하게 등급에 따라 곁가지로 분류된 셈이다.

　또 길들이 복잡해 서로 합류되거나 조금이라도 길이 꺾이면 영락없이 새
로운 길 이름을 붙이는데 아인슈타인 길은 예외인 듯하다. 여러 개의 길 이
름을 제치고 CERN의 동서를 가로지르며 모든 곁가지 길보다 우선하여 끝
까지 이어진다.

CERN의 주요 길

내가 사는 동네에도 유명인의 이름을 붙인 길이 있다. 바로 축구선수 이름을 딴 '박지성로'다. 그런데 몇 년 전에 근처에 새로운 길이 연결되며 길 이름을 어떻게 해야 할지 시청에서 고민한다는 말을 들었다. 어느 날 가보니 커다란 표지판에 길 이름이 바뀌어 있었다. 'ㅇㅇ지성로'.

아무래도 박지성이 아인슈타인보다는 '네임 밸류'가 떨어지는 모양이다.

왜 입자 가속기에서 우주를 연구하는가?

우리가 알고 있는 별자리 이름은 수천 년 전 젊은 목동들이 짓기 시작했다고 한다. 그들은 밤새도록 양을 지키다가 지루한 나머지 들판에 누워 밤하늘의 별에 그들의 관심사인 '양', '처녀' 같은 이름을 붙였는데, 이때부터 사실 물리학이 시작된 것이나 다름없다. 목동이 했던 일을 후세에 코페르니쿠스, 갈릴레오, 뉴턴이 대신 하면서 지금의 물리학이라는 뼈대가 완성되었기 때문이다. 그리고 이제는 우주에 망원경을 올려 보내서 더 넓고 먼 우주를 관찰하는 시대가 되었다.

이곳 CERN은 망원경은 없지만 현대 우주물리학의 중요한 주제를 연구하는 곳이다. 광대한 우주 연구를 이렇게 작은 입자를 다루는 곳에서 연구한다니 선뜻 이해가 되지 않는다.

그 이유를 알기 위해서는 약 100년 전으로 거슬러 올라가야 한다. 100여 년 전에, 물리학자들은 원자를 쪼개기 시작했다. 특별히 이유는 없었다. 그저 호기심이었다. 그러다가 원자핵을 발견하고, 전자를 발견하고, 위인전에서 읽었던 '퀴리 부인' 같은 사람들이 방사선을 발견하는 등 눈이 빠질 정도로 작은 세상을 집요하게 연구했다. 그러다가 단단한 입자들을 쪼개기 위해 서로 충돌시키는 아이디어를 낸 어떤 과학자 덕에 입자 가속기라는 장치가 등장했고, 더 빠르게 충돌시키기 위해 가속기는 더욱 더 커졌다. 충돌 후에는 이전에 볼 수 없었던 새로운 수많은 입자들이 발견되었는데 하나의 새로운 입자를 발견할 때마다 노벨상을 받던 시절도 있었다. 이후 주체할 수 없을 정도로 많은 새로운 입자들이 발견되면서 이제는 '물리학을 복잡하게 만든다.'면서 노벨상은커녕 다른 물리학자들에게 핀잔만 들어야 했다.

처음에 물리학자들은 이 수많은 입자들을 가지고 무엇을 해야 하는지 잘 몰랐다. 그래서 이리저리 정리를 해야 할 필요가 생겼고 몇 사람이 그러한 일들을 훌륭하게 해냈다. 이렇게 입자들을 정리해놓고 보니 그 어떤 물리법 칙보다 세상을 완벽하게 설명하고 있었다. 그래서 이름도 '표준 모형'이 되었다. 당연히 이들 정리정돈의 달인들은 노벨상을 받았다.

이러한 물리학의 발전 뒤로 또 다른 궁금증이 뒤따랐는데, 바로 우주에 대한 이야기이다. 세상을 구성하는 기본적인 입자들이 정리되면서 우주는 어떻게 만들어졌는지에 대한 이해가 필요했다. 러시아의 한 물리학자가 우주가 대폭발하면서 만들어졌다는 뚱딴지같은 학설을 발표할 때만 해도 세상은 아인슈타인을 최고의 물리학자로 떠받들고 있었는데, 마침 아인슈타인은 팽창하는 우주를 믿지 않았기 때문에 대폭발 우주론은 가뿐히 무시되었다. 그러다가 밤하늘의 은하들이 점점 우리에게서 멀어진다는 관찰 결과를 통해 공간이 늘어나고 있음을 알게 되었고, 정말 우연히 어쩌다가 대폭발의 증거가 될 만한 신호들을 발견하면서 이제 빅뱅 우주론은 현재까지 우주를 설명하는 가장 설득력 있는 이론이 되었다.

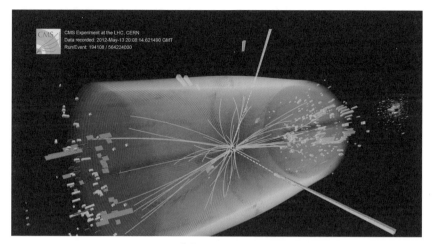

LHC 안에서 양성자 충돌로 새로운 입자들이 만들어지는 순간

그래서 그 내막은 자세히 알 수 없지만, 우주는 137억 년 전에 '꽝!' 하고 폭발한 후 기본적인 입자들이 생겨나 그 기본 입자들이 서로 결합하면서 세상의 모든 물질들을 만들어냈다. CERN의 대형 강입자 충돌기(LHC)에서 양성자들을 가속해 충돌시키면 우주 생성 초기의 기본 입자들로 부서진다. 그러니 작은 입자를 연구하는 것이 결국 우주의 시작을 연구하는 것과 같은 셈이다. 이곳 CERN도 망원경은 없지만 천문학자만큼 착실하게 우주 탄생의 순간을 재현하고, 우주의 비밀을 끈질기고 집요하게 파헤치고 있다.

이론 물리학자에게 심부름을 시키다

아침부터 강의실 구석에서 이리저리 돌아다니는 백발의 노인이 눈길을 끈다. 뭐가 문제인지 아까부터 우리 쪽 담당자인 믹과 컴퓨터를 만지작거리며 고치고 있다. 바닥에 무릎 꿇고 앉아 케이블을 살피기도 하고, 우리가 춥다고 하니까 관리실까지 가서 에어컨 온도를 낮춰주기도 하는 걸 보면 직원 같기도 하다. 'LHC의 구조와 원리 이해' 강의를 듣기 위해 모인 우리들은 사실 이 백발노인의 존재에 대해 그리 신경 쓰지 않았다. 행색이 초라했지만 뭐 우리와는 상관없는 사람이겠거니 모두들 강의 시간이 다 되어도 등장하지 않는 세계적인 이론 물리학자인 엘리스 교수만 기다리고 있었다.

그런데 이 백발노인이 갑자기 단상에 다가가더니 프레젠테이션 자세를 갖추는 게 아닌가? '설마' 하던 사람들은 그제야 그가 입고 있는, 목이 길게 늘어난 라운드티에 인쇄된 'CMS(LHC의 입자 검출기 중 하나로 뮤온과 같은 작은 입자들을 검출하는 장치)'라는 글자와 직원 같지 않은 냉철한 눈빛을 발견했다. 그가 바로 존 엘리스(John Ellis)*였다. 그리고 우리는 세계적인 이론 물리학자에게 에어컨 온도 조절 심부름을 시킨 긍지의 한국인이 되었다.

엘리스 교수가 LHC의 입자 검출기를 설명하고 있다.

그의 강의는 고갱의 그림으로 시작했다. '우리는 어디에서 왔으며, 어디로 가고 있고, 누구인가?' 이론 물리학자인 그는 우주의 시작과 미래, 그리고 우리를 구성하는 기본 입자들에 대해 시종일관 진지하고 열정 넘치는 강

● 영국의 이론 물리학자로 CERN에서 LHC를 이용한 연구 프로젝트 최고의 권위자이다. 이론물리학의 노벨상이라 불리는 맥스웰상과 폴디랙상을 수상했다.

의를 해주었다. LHC의 구조와 소개도 잊지 않았다.

강의를 마치고 돌아서는 엘리스 교수에게 경상도에서 온 한 물리 선생님
이 사진을 같이 찍자고 했다. 그 선생님은 어디서 구했는지 에어컨 리모컨
을 살포시 엘리스 교수의 한 손에 쥐어주며 'V' 자로 포즈를 취했다.

CERN의 기념품점에는 엘리스 교수가 칠판 글씨로 직접 쓴 표준 모형의
라그랑주 방정식 셔츠를 판매하는데, 나도 얼른 한 장 사서 수업 시간에 입
고 수업을 한 적이 있다. 학생들은 '옷이 흉측하다'며 고개를 절레절레 저었
지만 난 에어컨 심부름을 시킨 미안함에 그 후로도 몇 번 이 옷을 입고 수
업을 했다. 어느 날인가는 이 옷을 입고 동네 대형 쇼핑몰을 활보하기도 했
는데, 나만 우쭐할 뿐 아무도 눈길조차 주지 않았다.

라그랑주 방정식 셔츠, 같은 옷 다른 느낌

빛 속도의 99.9999991퍼센트

교외의 공장 같은 건물에 들어서자 녹이 슨 철가루 냄새와 곰팡이의 쿰
쿰한 냄새가 코를 찌른다. 그렇다. 이곳은 세계 최고 입자물리연구소의 최
첨단 입자 가속기의 출발 지점이다. 그래서 이렇게 냄새부터 남달랐다. 입

자가속기는 강한 전자기장을 이용해 양성자를 빛과 비슷한 속도까지 가속시켜 충돌하게 한 후 그 결과를 분석하는 장치다. CERN에는 여러 개의 가속기가 있는데 용도별로 다양한 연구를 수행한다. 그중 입자 가속 및 충돌 장치인 LHC는 CERN 주변 지하 100미터 아래 27킬로미터 둘레로 설치되어 있어 가장 규모가 크고 속도도 빠르다. LHC의 양성자 속도는 빛의 속도의 99.9999991퍼센트로 27킬로미터 둘레를 1초에 1만 1245번 회전한다.

양성자를 처음부터 그렇게 빨리 가속시키는 것은 아니다. (+)전기를 띤 수백 개의 양성자 모둠에 전자기장을 걸어주면 속력이 점점 빨라진다. 그런데 양성자는 서로 같은 전기를 띠고 있어 밀어내기 때문에 빔이 퍼진다. 그래서 자기장을 이용해 다시 가운데로 모아서 퍼지지 않게 해준다. 이 과정을 아주 빠르게 지속하면 '양성자 빔'을 만들 수 있다. 이렇게 몇 개의 가속기를 거치면 양성자 빔은 빛의 속도의 99퍼센트 정도의 빠르기를 갖게 되는데 이때 LHC로 빔을 넣어 마지막으로 광속과 비슷한 속도가 되게 한 후 서로 반대 방향으로 지나가는 빔을 충돌시킨다.

그 시작은 수소 원자에서 양성자를 뽑아내는 것부터 시작한다. 이것을 좀 더 빨리 가속시키는 일을 하는 것이 우리가 둘러볼 선형가속기(LINAC)와 원형가속기(LEIR)다.

이 두 가속기를 우리에게 설명해줄 이탈리아 출신의 엔지니어는 건물에 처음 들어설 때 느꼈던 것처럼 냄새가 엄청 났다. 마치 이 건물의 모든 냄새가 이 사람에게서 생겨난 듯했다. 외국인에게서 나는 특별한 이 향기는 오랜만에 나의 후각에 긴장감을 선사했다. 가속기의 자석 부분을 가리키기 위해 그가 팔을 드는 순간, 그리고 실험이 성공했을 때 모두 만세를 했다며 두

팔을 드는 순간, 불행히도 우리의 코는 비극을 맛보아야 했다.

마비된 우리의 후각에 신선한 공기가 필요할 때쯤, 차로 몇 분을 이동해 LHC 초전도자석 시스템 설비인 SM-18을 보았다. 양성자를 빠르게 가속시키고 빔을 조종하기 위해서는 강한 자기장을 내는 초전도자석이 필요하다. 초전도자석을 사용하기 위해서는 영하 271도 이하로 낮춰야 한다. 그래서 LHC를 우주에서 제일 차가운 곳이라고 하기도 한다. LHC의 튜브 단면에는 가운데에 두 개의 구멍이 나 있는데 이는 양성자 빔이 서로 반대 방향으로 지나는 통로이며 주변에 초전도자석이 있다.

인도계 노르웨이 청년은 우리에게 정직한 영어 발음으로 열심히 이 원리를 설명해주었다. 어찌나 발음이 정직한지 우리의 얼굴은 모두 화색이 돌았다. 게다가 냄새도 나지 않았다. 열정적으로 설명하는 청년의 모습에서 CERN의 연구원으로서의 자긍심을 느낄 수 있었으며 입자물리학을 연구하는 사람으로서 행복함을 느낀다는 말을 들었을 때는 머릿속에 작은 전율이 흘렀다.

후각 자극   지적 자극

선형가속기(LINAC)   SM-18의 튜브

드디어 가속기를 둘러보다

물리에 발을 들여놓은 사람이라면 누구나 아는 '리처드 파인만'의 길과 '어니스트 러더퍼드'의 길이 만나는 곳에서 우리는 점심 식사를 했다. 포도 넝쿨이 끝없이 펼쳐진 싱그러운 와인 농장이 보이는 테라스에서 점심을 먹는데 그 멋진 풍광에 입자물리학에 대한 아이디어가 마구마구 샘솟을 것만 같았다.

오후 강의는 '가속기의 원리'였다. 하지만 생활 영어도 가까스로 구사하는 우리들에게 프랑스식 영어 발음이 뒤섞인 입자물리 강의는 심오한 불경과도 같았다. 우리는 샘솟을 아이디어를 뒤로한 채 모두들 꾸벅꾸벅 졸고 말았다.

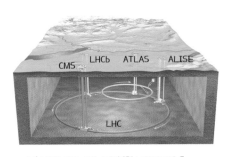

지하 100미터 아래에 건설된 LHC의 개요도

잠에서 깬 뒤 소형 버스를 나눠 타고 CERN을 출발해 스위스와

프랑스 국경을 지나 한적한 프랑스 시골 마을을 한참 달렸다. 27킬로미터 둘레의 LHC를 몸소 체험하는 것 같았다. 그리고 공장같이 생긴 건물 앞에 멈춰 섰다. 영락없는 지하철 공사장 같다. 그런 면에서 CERN은 일관성이 있다. 건물이 죄다 공장 같다.

LHC의 입자 검출기 중 하나인 CMS 검출기

LHC에는 입자들이 충돌하면 사진을 찍을 수 있는 네 개의 대형 디지털 카메라가 있다. 이들을 입자 검출기라고 하는데 어지간한 학교 건물만 하다. 이 네 개 검출기 중에서 오늘은 CMS(compact muon solenoid)를 둘러볼 것이다. 공사장 같은 건물에 들어가서 공사용 엘리베이터를 타면 중간 지점에 도착한다. 이곳은 CMS에서 충돌한 결과를 1차로 분석하는 곳으로 전선과 여러 기계 장치들이 빼곡히 들어차 있었다. 한쪽에는 방사선 표시가 되어 있었는데 빔이 가동되면 강한 자기장이 나오기 때문이라고 한다. 그래서 빔이 돌고 있는 순간에는 더 이상 내려갈 수 없다고 한다. 불행히도 이날 LHC는 열심히 가동 중이라 우리들은 CMS가 있는 지점까지 내려가 보지 못했다.

다시 지상으로 올라오니 아쉽게 보지 못한 CMS의 실제 크기 걸개그림이 한쪽에 커다랗게 걸려 있었다. 바닥에는 노란색으로 실제 빔이 지나가는 자리까지 표시해놓았다. 때마침 CERN 소식지 사진기자가 이곳에 들렀는데 이번 주 표지 사진으로 CMS 걸개그림을 써야 한다며 기념으로 사진 촬영의 모델이 되어줄 것을 부탁했다. 그래서 또 우리는 왼쪽 아래 사진처럼 한

공사용 엘리베이터　　　　　　　　　　강자기장 경고 표시

지하 50미터 아래의 CMS 설비　　　　데이터를 모으는 컴퓨터들

걸개그림 앞에서 기념 촬영

국인의 긍지를 보여주었다.

CERN에는 방문객들을 대상으로 하는 기념품점 옆에 작은 과학관이 있다. 내가 이곳에 갔을 때는 방문객이 그리 많지 않아 CERN과 LHC의 원리를 설명한 다양한 자료들을 여유 있게 돌아볼 수 있었다. 다만 한 곳은 사람

수업할 때 자랑 삼아 자주 사용하는 모형 LHC 사진. 누구도 눈치채지 못한다.

이 매우 붐볐다. 자세히 보니 줄을 서서 기다리기까지 하고 있었는데 그럴 만한 이유가 있었다. 일반에게 공개되는 모형 LHC에서 사진을 찍기 위해서다. 이곳에서 사진을 찍으면 지하의 LHC에 직접 다녀온 것처럼 보인다. 나는 CMS에 들어가 보지 못한 아쉬움을 이곳에서 충분히 달랠 수 있었다.

CERN의 한국인 입자물리학 연구자들

CERN에 있으면 많은 인종을 마주한다. 이들 중에는 한국인도 있다. 국내 몇몇 대학의 연구팀이 이곳에서 연구를 진행하고 있는데 오늘 저녁은 이들과 저녁 식사를 하기로 되어 있다. 근처의 한적한 마을에 있는 중국 음식점으로 모두들 모였다. CERN에 상주하는 한국인 연구자가 대략 30명이니 중국 음식점이 한국인들로 꽉 찼다.

타국에서 그것도 처음 본 사람들끼리 어색하게 마주 앉았으니 처음에는 할 말이 많지 않다. 그러다가 술이 한 잔씩 들어가면서 한국인 특유의 끈끈함으로 서로가 엮이기 시작했다. 『LHC, 현대물리학의 최전선』을 쓴 경상

CERN의 한국인 연구자들과 음식점 앞에서 기념 촬영

대 이강영 교수는 그의 책에 "현대의 입자 물리학자들이 행운의 시대에 살고 있으며 LHC를 통해 입자물리학의 새로운 지평이 열릴 것"이라며 흥분했다. 나는 이곳에 오기 전에 흥미롭게 읽은 이 이야기로 그들과 말을 텄다. 역시 끊이지 않는 열정이 식사 시간 내내 오고 갔다.

여러 한국인 과학자들과 만나면서 사실 나는 그들이 부러웠다. 위 책의 저자가 말한 것처럼 우주의 시작과 끝, 물질의 근원, 시간과 공간의 본질과 같은 가장 근본적인 질문에 대해 고민하고 산다는 것은 그 무엇과도 비교할 수 없는 특별하고 흥분되는 일이기 때문이다. 노벨상 수상자인 조지 월드(George Wald)가 "과학자란 인간의 가장 행복한 상태일 것이다"라고 한 말을 이제 이들에게서 이해하게 되었다. 그리고 이곳 CERN에서 그것을 더욱 격하게 공감한다.

1년 후 나는 우연찮게 이강영 교수와 만난 적이 있다. 저녁 식사 뒤에 경주의 한 호숫가를 산책하면서 그의 책 'LHC' 이야기를 꺼냈고 CERN에서의 이야기도 같이 나눴다. 물리학과 일상에 대한 이야기를 여유롭게 나누는 동안 호숫가에는 잔잔한 노을이 지고 서서히 어둠이 밀려들었다. 과학을 하는 행복이라고 하는 것은 이렇게 사소한 것에서 오는 것도 같다는 것을 그때 어렴풋이 느낀 것 같다.

그해 가을에 피터 힉스(Peter W. Higgs) 박사와 프랑수아 앙글레르 (Francois Englert) 박사는 CERN의 LHC 실험으로 증명된 힉스 메커니즘의 발견으로 노벨 물리학상을 수상했다. 내가 CERN에 있던 2012년 8월, 바로 그때 내 발 밑에서 실험으로 증명된 것이었다.

노벨상을 받은 피터 힉스(오른쪽)와 프랑수아 앙글레르

찾아보기

참고문헌

꿈꾸는 국어수업, 송승훈 지음, 양철북, 2010

씁니다, 우주일지, 신동욱 지음, 다산책방, 2016

우리는 이제 우주로 간다, 채연석 지음, 해나무, 2006

우주비행, 골드핀을 향한 도전, 마이크 멀레인 지음, 김은영 옮김, 풀빛, 2008

위험하면서 안전한 우주여행 상식사전, 닐 코민스 지음, 이충호 옮김, 뿌리와 이파리, 2008

체험! 우주정거장, 메리앤 디슨 지음, 하정임 옮김, 다른, 2007

Artificial Gravity with Magnetism, JR Minkel, Scientic American, 2006

Modern Physics, Stephen T. Thornton, Saunders College Publishing, 1993

The Evolution of Worlds, Percival Lowell, Palala Press, 2016

사진 출처

숫자=쪽수, a=above(위), b=below(아래), l=left(왼쪽), r=right(오른쪽), c=centre(가운데)

9lr ⓒIAU 10lc ⓒCaltech 12 ⓒNASA 14 ⓒNASA 45,46 ⓒNASA 52 ⓒNASA 73l ⓒNASA 73r ⓒ20th Century Fox 74a ⓒ MGM Studios Inc. 74bl ⓒ20th Century Fox 74br ⓒWarner Bros. Entertainment Inc. 76 ⓒUnited Space Structures 79 ⓒ NASA & National Archives College Park Collection 80 ⓒNASA 82 ⓒNASA 84lcr ⓒNASA 86 ⓒJonathan Juursema 97 ⓒNASA 113l ⓒNASA 113r ⓒESA 115 ⓒNASA 116lcr Wikimedia ⓒRlandmann 118lr ⓒNASA 120 ⓒIAU MPC 122 ⓒNASA 123l Wikimedia ⓒMaynard Pittendreigh 123r ⓒNASA/Robert H. McNaught 124l Wikimedia ⓒE. Kolmhofer, H. Raab 124r ⓒNASA/Doug Zubenel 125 Wikimedia ⓒEdward Emerson Barnard 126a ⓒNASA 126bl ⓒESA 126br ⓒNASA 127l ⓒESA 127r ⓒESA 128lr ⓒNASA 130lr ⓒNASA 131 ⓒNASA 133lr ⓒNASA 134a ⓒNASA 134b ⓒNOAA 136 ⓒNASA 137l Wikimedia ⓒEvan-Amos 137r Wikimedia ⓒTradnor 139bl Wikimedia ⓒChristiaan Huygens 139br Wikimedia ⓒRobert Hooke 140ab ⓒNASA 142ab ⓒNASA 142c Wikimedia ⓒWolfmanSF 144 ⓒNASA 145 ⓒSpace 151r ⓒNASA 152,153 ⓒNASA 155 ⓒTomruen 157,159,161,163,165,167,169,172 ⓒNASA 185ar Wikimedia ⓒNagualdesign 185b Wikimedia ⓒ Percival Lowell 194,196 ⓒNASA 198a ⓒKeith Allison 198b ⓒArturo Pardavila 200 ⓒNASA 202 ⓒESA 204 ⓒESO 206 ⓒNASA/JHUAPL/SwRI 207 ⓒNASA 211lr ⓒNASA 216r (SD Dirk) 224a (Pedro Szekely) 236a ⓒNASA 238 ⓒJonanta Witabora 239 ⓒNASA 243a ⓒPaul,E,R 243b ⓒNASA 244 ⓒDjSadhu 248lr ⓒNASA 251 ⓒCERN 257 ⓒCERN 259 ⓒ CERN 262 ⓒCERN 263 ⓒCERN 267 ⓒCERN